写给孩子的抗压力手册

[美] 凯蒂·赫尔利（Katie Hurley） 著

郭 放 译

机械工业出版社
CHINA MACHINE PRESS

从过高的学业目标、被压缩的玩耍时间到家长的过度期望，今天的孩子生活在一个充满压力的世界。在本书中，心理问题专家凯蒂·赫尔利基于儿童的认知特点，提供了75种她在实践中亲测有效的减压策略、活动设计和对话脚本等众多心理调适小工具，形式活泼有趣，能有效帮助孩子应对生活中的压力，克服种种障碍，让他们意识到自己可以完成艰难的任务。本书非常适合孩子阅读和亲子共读。对于4—11岁儿童及其父母、老师、心理治疗师以及相关专业人士来说，这都是一本汇集了大量宝贵资源的工具书。

北京市版权局著作权合同登记　图字：01-2023-4255。

图书在版编目（CIP）数据

写给孩子的抗压力手册 / （美）凯蒂·赫尔利
(Katie Hurley) 著；郭放译. -- 北京：机械工业出版
社，2024. 8. -- ISBN 978-7-111-76022-1

Ⅰ. B842.6-49

中国国家版本馆CIP数据核字第2024KG7530号

机械工业出版社（北京市百万庄大街22号　邮政编码100037）
策划编辑：侯春鹏　　　　　　责任编辑：侯春鹏
责任校对：郑　婕　李　杉　　责任印制：任维东
北京利丰雅高长城印刷有限公司印刷
2024年8月第1版第1次印刷
210mm×285mm·10印张·143千字
标准书号：ISBN 978-7-111-76022-1
定价：69.80元

电话服务　　　　　　　　　网络服务
客服电话：010-88361066　　机　工　官　网：www.cmpbook.com
　　　　　010-88379833　　机　工　官　博：weibo.com/cmp1952
　　　　　010-68326294　　金　书　网：www.golden-book.com
封底无防伪标均为盗版　　机工教育服务网：www.cmpedu.com

献给维奥莱特和艾拉

愿游戏的力量帮你们穿越人生路途中所有的暴风雨

关于作者

凯蒂·赫尔利（Katie Hurley）是一名儿童和青少年心理治疗师和畅销书作家。凯蒂在波士顿学院获得心理学学士学位，并在宾夕法尼亚大学获得硕士学位。凯蒂在游戏疗法方面有深入的研究。她曾在洛杉矶的一家大型非营利组织 The Help Group 工作了七年，担任学校的治疗师和临床主任。凯蒂是著名的"GIRLS CAN"活动的发起人，也是《快乐孩子手册》《在焦虑的世界里养育不焦虑的孩子》和《女孩养育指南》等多本畅销书的作者。她的文章广泛发表在《美国新闻与世界报道》《华盛顿邮报》和《PBS 家长杂志》上。

写给孩子们的一封信

这本书是写给你们的！我最近经常注意到一个问题，那就是孩子们承受了很多压力。也许感觉学业太难了、考试竞争过于激烈，或是在交友方面并不像想象的那样容易。这只是一些例子，很多和你一样的孩子告诉我各种各样让他们倍感压力的原因。我想让你知道，经历压力是成长的一部分。每个人都会时不时承受压力，但每个人都可以学会管理压力。

这本书将教你学会发现自己的压力迹象，并帮你找到让自己感觉更好的方法，克服让你感到沮丧的障碍（我们都会遇到！），教会你如何与他人分享自己的感受和需求，如何通过相信自己建立自信心，如何运用积极思维度过困难时期。我知道这听起来很复杂，但我相信你能做到。

你可以一点一点地阅读这本书，也可以一口气看完。你可以与大人一起阅读，也可以自己看。当你读完这本书时，你将能够向其他孩子甚至是你的家长传授关于压力和如何管理它的一切——你会成为一个压力管理专家！

虽然背负压力有时会让你感到孤单，但你必须知道，你绝对不是一个人。祝愿你通过学会管理压力让自己感到更自信、更快乐！

凯蒂·赫尔利

写给家长们的一封信

在儿童和青少年心理领域实践超过 22 年之后，我发现儿童和青少年的压力水平正在上升。在我职业生涯的早期，来到我的办公室接受社交技能培训或寻求支持的年幼的孩子们，大多是因为身体健康状况不好或受到其他环境因素的影响（失去亲人、父母离婚、父母患癌等）。如今，年仅 5 岁的孩子们也在寻求我的帮助，因为他们每天都被压倒性的压力和焦虑困扰。在我的职业生涯中，年幼儿童所面临的情况发生了很大变化，我发现孩子们和他们的父母现在比以往任何时候都更需要支持和具体的策略来应对压力。

如今，我最常被家长们问到的问题是："我该如何指导我的孩子应对压力和困难？"从超越孩子发展水平的学业要求，到没完没了的各种考试，再到期望孩子早早在小学阶段专攻某项运动或取得某项成就，期望差距（即父母认为孩子能够胜任的事情与孩子实际发展水平之间的差距）似乎正在以快速的速度拉大，这导致了压力的增加。即使我能协助一些父母一起努力弥合这个差距，但大多数孩子们仍生活在一个充斥着压力的世界中。从欺凌（即使在幼儿园）和同伴压力，到学业压力、校园规则适应和人际压力，如今孩子们面临着看似乎不可逾越的障碍。

该如何应对所有这些问题呢？我们要指导孩子正确地认识不舒服的情绪并在

压力发生时进行有效的应对。这就是本手册的作用所在。这本书总结了我在过去22 年中与孩子们一起开发和测试的活动和脚本，将帮助 4 岁至 11 岁的孩子学会应对压力和负面情绪。

本手册提供了多种解决方案，因为我们知道每个孩子都不同，他们需要适合自己的策略。对于家长、教师、治疗师和其他与年幼儿童一起工作的专业人士来说，这本书是完美的工具。这些练习易于实施，亲测有效，能够快速缓解孩子们的压力。

我希望这本书能让你更好地帮助生活中的孩子们。虽然我们不在同一艘船上，但我们可以一起划船，互相帮助度过困难时期。请将这本书视为我送给你的救生衣，一个小小的浮力装置，帮助孩子在困境中让脑袋浮在水面之上。

凯蒂·赫尔利

前　言

理解压力

如何知道你需要这本书

在学校里，你学到了很多不同的东西，但学校并没有太多时间来教授你应对压力的方法。事实上，哪怕你现在感觉良好，备有这样的一本书也是必要的，它可以帮助你学会应对压力，这样下次你感到压力重重时就知道该怎么做了。"应对"这个词的意思是，你可以度过这些困难时刻——而应对技巧能帮助你做到这一点！

每个孩子都会遇到一些压力。它可能发生在学校、家里、新闻中，甚至在团队或课外活动期间。事实上，有时让我们感到压力的障碍也可以帮助我们学会面对困难。所以，准备这样一本书在你手边随时翻阅是个好主意。

什么是压力，我怎么知道自己是否有压力呢？

首先，不是所有的压力都是坏的。这是真的！压力也有好的一面，积极的压力可以帮助孩子们迎接挑战、解决冲突和克服问题。但当其他孩子（或你身边的大人）说他们感到压力时，他们通常不是在说好的压力。了解人们如何体验压力有助于你学会应对它。

以下是你可能在任何一天里遇到的三种不同类型的压力：

- 好的压力：当你遇到一种可能让你感到紧张的情况，但你对自己管理这种情况的能力充满信心时，好的压力就会产生。我们可以在事后回顾这种情况，并记住我们是如何成功应对的，如此一来，好的压力会使我们变得更强大。

- 可以忍受的压力：你遇到一些让你感到害怕或受到威胁的事情，但你能够意识到你之前处理过类似的事情，所以你可以应付它。可以忍受的压力提醒我们，即使在当前的困难时刻，我们也可以迎接挑战。当我们通过应对压力源来建立自信心时，它会进一步增强我们的信心。

- 坏的压力：当你处在一个深感威胁或可怕的情境中，而且你似乎没有办法对付它时，坏的压力就会出现。孩子们在遇到这种压力时往往会感到手足无措。在那一刻，你可能会感到无助，这可能会影响你的自信心。

让我们来讨论一些案例！

好的压力

让我们假设你滑着滑板正在下坡，速度越来越快，突然你发现在下坡的尽头有一群小孩正在穿过你的路线。你知道他们没有看到你从坡上冲下来，大脑向你发送信号，让你采取措施避免撞上他们。你通过将重心后移减慢滑板的速度，并迅速向左或向右转弯，在碰到那些小孩之前停了下来。在这种情况下，你的大脑进入了求生模式。它向不同的身体部位发送信号，帮助你解决问题，最终成功避免了碰撞。如果你在这种情况下感到心跳加速，那是因为你的大脑告诉心脏向你的腿部供应更多的血液以减缓滑板速度。同时，大脑还会提示你稳定呼吸并通过极度专注的视觉来评估情况。当好的压力产生时，大脑知道该怎么做！

可以忍受的压力

想象一下，你带着年幼的兄弟姐妹在明媚的阳光下散步。你决定走得比平时远一些，因为天气非常好，你享受这美好的一天。这时开始下起了雨，所以你决定转身向家走去。这没什么大不了的。突然，你注意到天空中的乌云越聚越多，遮天蔽日，不久狂风大作，电闪雷鸣。这让你感到害怕，因为你离家还很远，雨下得很大，你开始担心兄弟姐妹的安全。

在这个例子中，你可能会感到更多的压力，因为这是更高的危险水平，但是你的大脑知道该做什么。你记得自己以前也遇到过这种情况，而且应付得了。你加快脚步，并催促你的兄弟姐妹跑起来，这样你们就能更快地到家。你感到心跳加速，因为心脏正向你的腿部供应血液，并提醒你深呼吸，奔跑回家。

坏的压力

还是上面的情境，在你奔跑回家时，你看到闪电穿过黑暗的云层，头顶传来隆隆雷声，雨越下越大，积水已经漫过你的膝盖，你可能会感到非常害怕，不知道该怎么办。继续奔跑？找地方避雨？也许你的兄弟姐妹已开始哭泣或惊慌失措，如果你也感到恐惧而无法动弹，你又该如何帮助他们呢？

　　这就是一种糟糕的压力，它在身体和情绪上都令人筋疲力尽。它会导致你的大脑只考虑负面或不好的结果，并使做出决策变得困难。这种压力可能影响任何人，而且并不一定是像遇到危险的暴风雨这样可怕的事件。当你与朋友争吵或学校作业太难时，你可能也会有这种感觉。

　　好消息是，你可以学会管理这些糟糕的情绪，在有压力的情况下掌握主动权。这是因为先前描述的所有压力都是情境压力的例子。这意味着有一个特定的事件或问题会导致你的大脑进入所谓的"战斗或逃跑"模式。你的大脑之所以这样做，是因为它始终在努力保护你，即使你感到害怕！在下一页，你将看到这种战斗或逃跑反应涉及什么。

手 账

战斗还是逃跑?

当你的身体感受到任何威胁或危险时,它会启动所谓的压力反应——战斗或逃跑反应。这种反应会让你准备好直面危险(战斗),或者如果情况过于恐怖就逃跑。当这种情况发生时,你的大脑会向你的神经系统发出警报,这会导致一系列身体反应发生。例如,你的心脏可能开始加速跳动,你可能会呼吸急促。这些反应旨在保护你的生命安全,因为它们帮助你快速找出应对威胁的方法!

战斗

坚守立场。

保护自己。

对抗潜在的威胁。

或

逃跑

逃走。

避免潜在的危险。

避免冲突。

有时候你可以与威胁抗争并走出困境，但有时最好的做法是远离压力源并寻求帮助。并不要求你自己能够应对每一个压力情境。没有人能够做到那样！

你能想到自己曾经经历过的战斗或逃跑反应吗？在这里写下或画出来吧。

触发因素和症状

尽管一些压力是由特定情境引起的，但有时你可能会经历持续性的压力，却不确定其原因。这在你这个年龄段很常见（甚至对成年人也是如此！），有很多事情可能会触发压力。触发因素就是那些让你感到压力的事情。这可能是一系列小事随着时间累积造成的，也可能是一件一再发生的事情。

有两件事可以帮助你知道自己是否感到压力：触发因素和症状。在下面的表格中，你会找到适用于你这个年龄段的常见压力触发因素。圈出与你相关的任何项。我还留了一些空白的格子，你可以根据情况添加自己的触发因素。记住：每个人都不同，每个人都有自己独特的触发因素！当你了解自己的触发因素后，你才能更好地找出应对方法。

友谊	学校	大的改变	父母离婚
家庭烦恼	疾病	损失	分离焦虑
新闻事件	考试焦虑	繁忙的日程	霸凌
屏幕时间	父母压力	要求表现出色	新的家庭成员
同辈压力	青春期	睡眠不足	孤独

孩子们通常会因为学业和其他课外活动而忙碌，这使他们很难抽出时间坐下来真正思考什么让他们感到压力，但腾出这个时间非常重要。尽管思考让自己感到压力的事情可能会让人感到不舒服，但它可以帮助你了解关于自己的重要信

息。当你拥有这些信息时，你可以制订计划来应对这些触发因素。

压力症状是另一件因人而异的事情。如果你的朋友告诉你，压力导致他们头痛，但你从未有过头痛，那并不意味着你从未感到过压力。那只是意味着你的症状可能不同。以下是你这个年龄段的孩子常见的压力症状。在你经历过的症状旁边打钩。如果你在列表中没有找到你的症状，请在列表末尾添加它们。如果你真的没有任何压力症状，那很好！这本书仍然可以帮助你找出应对策略，以备将来需要时使用。

- ☐ 头痛
- ☐ 胃痛
- ☐ 肌肉疼痛
- ☐ 睡眠困难
- ☐ 易怒（这意味着你非常容易发火，脾气暴躁）
- ☐ 噩梦
- ☐ 饮食习惯改变（例如，经常不想吃东西）
- ☐ 不想参加平常的活动（学校、运动和其他项目）
- ☐ 注意力不集中
- ☐ 不想和朋友在一起
- ☐ 经常哭泣或感到悲伤，但不知道为什么

- ☐ _____

- ☐ _____

- ☐ _____

- ☐ _____

让我们开始吧！

现在你知道了你的触发因素和症状，是时候开始使用这本书了。你可以按顺序阅读，也可以跳着看。每一章都关注一个不同的主题，帮助你建立应对压力的技能，感受幸福。你可能会发现某些策略和想法比其他的更有效，这没关系。这本书旨在帮助所有的孩子，所以包括了很多活动和技巧。我尽量提供各种各样的材料以帮助尽可能多的孩子。不过，在你学习下一个策略之前，重复尝试几次所学的每个策略是很重要的。在对付压力的问题上，没有即时的解决办法。你必须增强自己应对压力的"肌肉"，而唯一的办法就是多加练习！给自己时间。我知道我们现在生活在一个快节奏的世界中，但放慢脚步将帮助你学会如何处理强烈的情绪。

目 录

关于作者

写给孩子们的一封信

写给家长们的一封信

前言　理解压力

第一章
压力是一种什么感受？

大多数孩子都知道自己的基本感受，比如开心、难过、生气和害怕。各个年龄段的孩子都会在一天中经历情绪的变化，这是很自然的。虽然这些基本情绪是一个坚实的起点，但建立情绪的细腻度非常重要。这其实是一个很复杂的词，意思是你能够理解广泛（很多！）的情绪，并且认识到感受中还隐藏着更多的感受。

我知道这听起来很混乱。但是试想一下愤怒这种感受。当你说你感到愤怒时，它真正意味着什么？是因为发生了不公平的事情而感到生气，还是故事背后还有更多事情且其中隐藏着其他感受？这可能意味着你感到被排挤在外、嫉妒、沮丧、烦恼、不耐烦、恼怒，等等。愤怒可以代表一堆感受混合在一起，就像一碗情绪汤！

情绪汤

让我们做一碗情绪汤。选择一种感受,任何一种。我选择开心。我要做一碗开心的汤。第一件事是想想与开心类似的其他感受。比如,有时候当我对自己感到非常骄傲时,我会注意到我笑得更多。当我做了某件好玩的傻事时,我也会感到非常开心。为了在我的这些感受之间建立联系,我喜欢闭上眼睛,想象所有让我开心的人和事物,然后大声地把它们说出来。

这样做,我就可以联想到与这些情绪相匹配或相伴随的所有感受。我暖暖的开心汤,它的幸福成分包括感受到爱、做蠢事、兴奋、自豪、关心和思考。现在轮到你了!填写你的情绪汤的口味,并将你的成分加入碗中。搅拌一下,看看有多少感受与其他感受相互关联。

手　账

情绪汤

口味：

成分：

当你能够给你的感受命名并与他人分享时，你就能够在需要时寻求帮助或使用应对策略来对付那种感受。发展情绪的细腻度是学会管理压力的第一步，也是重要的一步。让我们花更多时间来思考和理解不同的情绪。

感受检查板

有时候我们很难描述自己的感受。这没关系。有时每个人都会遇到这种困难。拥有这样一个列出不同情绪（包括表情）的检查板可以帮助你辨别自己的感受。下面的示例展示了孩子们常见的一些情绪，你可以根据自己的需要添加任意多的情绪到你自己的检查板上。越多越好！

在这里开始检查吧！

被爱　　　迷惑　　　伤心

害怕　　　开心　　　无聊

生气　　　压力大　　　烦恼

以下是创建自己的检查板的几种方法:

- 找一个大的白板或大幅纸张，根据你想象中的样子绘制自己的感受表情。
- 拍下自己做不同表情的照片，打印出来，然后剪下并粘贴到白板上。
- 打印表情符号（emojis）或你喜欢的卡通人物表情，然后剪下并粘贴到白板上。

你可以定期组织家庭情绪分享会，使用便利贴分享你的感受；或者，你可以打印出每个家庭成员的照片，使用磁力贴或图钉把它们固定在白板上以方便移动。尝试每天至少召开两次这样的分享会，并花时间谈论每个人的感受以及他们为什么感到那样。当家人一起这样做时，谈论感受就会变得容易得多。

感受、想法和需求

你的感受、你的想法和你的需求总是相互联系的。当你经历某种感受（无论是积极的还是消极的），它会影响你的思考。比如，如果你正在愤怒，你可能会认为没有什么事情对你来说是公平的。为了应对这种感受，你必须弄清楚你的需求是什么。

使用感受、想法和需求清单让你有机会将这三个组件分解为易于管理的部分，以便你弄清楚需要做什么来应对。我们查看以下示例，并进行练习。

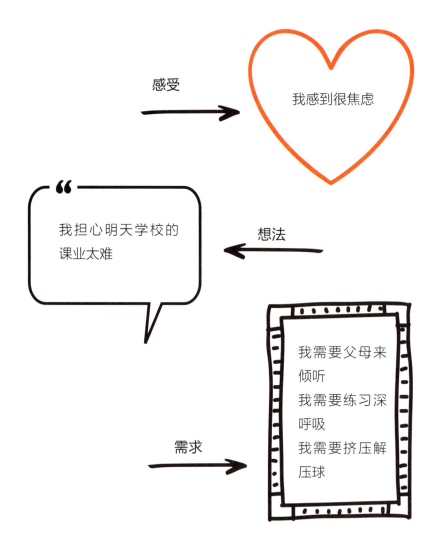

从这幅图可以看出，这个孩子感到焦虑。焦虑让他感到学校的课业太难，觉得明天不适合去学校。这个孩子需要父母的倾听和理解，他需要练习深呼吸，还需要带一个解压球到学校帮助他应对焦虑。

现在轮到你了！

手 账

感受、想法和需求

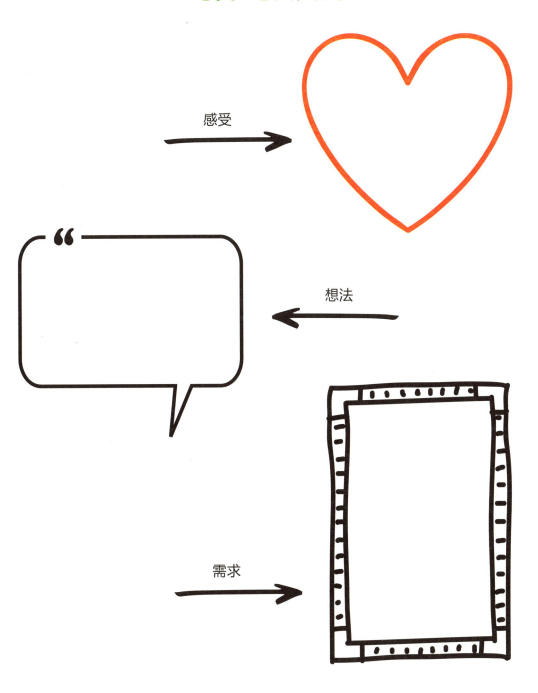

感受

想法

需求

揭秘感受

你是否曾注意到，你展现在外的感受可能实际上与内心感受不符？当你表现出沮丧时，你可能会发现自己其实感觉非常伤心。或者你可能在外表展示出悲伤，而实际上你感到孤独。感受可以戴上面具，摘下面具才能看清背后的真相，这有助于我们了解真正需要处理的问题是什么。

想一想你曾经外在展示一种感受，但内心却感到另一种感受的时刻。在下一页上的两副面具上填写你并不一致的感受。给你的面具涂上色以代表你真实的感受，然后写下触发你产生这种感受的原因。

手 账

揭秘感受

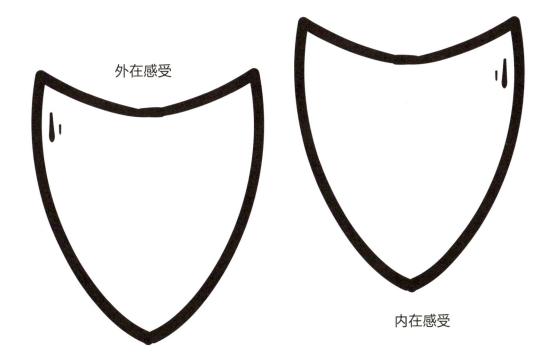

外在感受

内在感受

我之所以有这样的感受，是因为＿＿＿＿＿＿＿＿＿＿＿＿＿＿＿＿＿＿＿＿＿＿

＿＿＿＿＿＿＿＿＿＿＿＿＿＿＿＿＿＿＿＿＿＿＿＿＿＿＿＿＿＿＿＿＿＿＿＿＿＿

＿＿＿＿＿＿＿＿＿＿＿＿＿＿＿＿＿＿＿＿＿＿＿＿＿＿＿＿＿＿＿＿＿＿＿＿＿＿

＿＿＿＿＿＿＿＿＿＿＿＿＿＿＿＿＿＿＿＿＿＿＿＿＿＿＿＿＿＿＿＿＿＿＿＿＿＿

＿＿＿＿＿＿＿＿＿＿＿＿＿＿＿＿＿＿＿＿＿＿＿＿＿＿＿＿＿＿＿＿＿＿＿＿＿＿

给今天上色

孩子们整天都非常忙碌，大多数孩子在一天里会经历许多情绪，既有积极的，也有消极的。所以当大人问起孩子们的感受时，他们可能很难说清楚。没关系！

与其试图思考自己在某个特定时刻的感受，倒不如思考一整天的整体感受更有帮助。此外，你也可以将自己的一天分成几个部分，这样你就能记住某个特定时间段里你的感受是怎样的。例如，你可以思考上学前的感受，午饭前的感受，午饭后和下午的感受，回家后的感受，以及睡前的感受。实际上，睡前是做这个活动的好时机，因为它可以帮助你释放情绪，而且给图片上色实际上是一个很好的减压方法。

想想你今天的一天。我敢打赌你今天体验了很多不同的情绪。在开始之前，首先给你的情绪分配颜色。例如，你可能认为红色是沮丧最合适的颜色。你可以自己选择。使用图片下的色键记录与每种情绪对应的颜色。现在给你的一天上色吧！你一天中有多少时间感觉平静？用你选择的代表平静的颜色在图片的对应位置上色。那么悲伤呢？再加上对应的颜色。一直继续，直到你的一天充满色彩为止。

手　账

给今天上色

上午:

下午:

晚上:

色键

红色 = _____   紫色 = _____

橘色 = _____   棕色 = _____

黄色 = _____   黑色 = _____

绿色 = _____   粉色 = _____

现在和成年人交流一下。你最强烈地感受到了哪些颜色？是什么引发了不同的感受？如果你感到不舒服，你做什么能感觉更好？如果你有一些积极的感受，你可以做什么来保持这种良好的感受？明天你可能会怎样解决类似的问题或应对类似的感受？

感受云

如果你想丰富感受的细腻度，也就是理解感受背后的情感，你需要尽可能学习更多的感受词汇。感受可以是积极的也可以是消极的，有时甚至觉得它们既有积极的一面又有消极的一面。

手 账

感受云

下面是一些描述积极情绪的词语。圈出你曾感受过的情绪。还有其他词语可以添加到感受云中吗?

积极的感受云

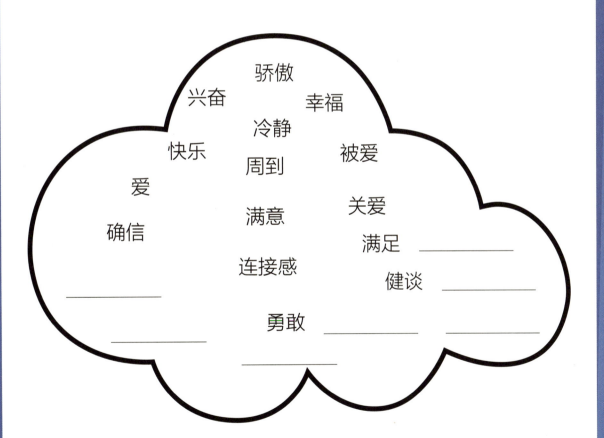

现在看一下描述消极情绪的词语。如果你有时有这些感受，没关系。每个人都有。没有人能始终保持积极。圈出你以前经历过的感受。还有其他词语可以添加到这朵云中吗？

消极情绪

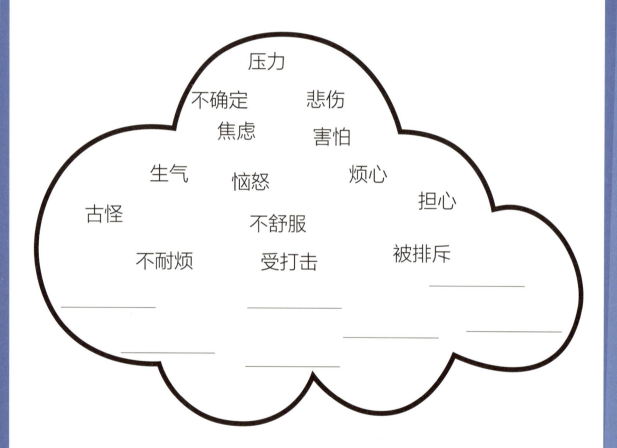

手 账

给感受命名！

现在你已经添加了一些新的感受词汇，让我们弄清楚你在何时会经历这些感受。闭上眼睛，深呼吸几次，放松你的思绪。当你睁开眼睛时，阅读第一个陈述，并填写脑海中第一个浮现的答案。对后续陈述进行同样的操作。

当我早上醒来时，我感到_____。

当我匆忙去上学时，我感到_____。

当我上学前有额外的时间时，我感到_____。

当我要参加考试时，我感到_____。

当我忘记了我的作业时，我感到_____。

当我犯错误时，我感到_____。

当我帮助他人时，我感到_____。

当我和朋友一起玩时，我感到_____。

当我受到排挤时，我感到_____。

当我无法入睡时，我感到_____。

请在下面添加一些你自己的陈述：

当我_____时，我感到_____。

当我_____时，我感到_____。

当我_____时，我感到_____。

当我_____时，我感到_____。

当我_____时，我感到_____。

（如果你不想写也没关系。你可以尝试大声说出这些感受。）

手　账

拟人化

　　给你的压力起个名字并画出它的形象，这样与它对话、排解不舒服的感受就更容易了。我知道这听起来有点傻，但它确实有效。

　　在下面的方框里画出你心中的压力是什么样子的。这是令你内心中充满不同忧虑感受的声音。装扮它，把它人格化！设计完成后，给它取个名字。好好地了解它。你可以添加一些思维气泡来显示压力带给你哪些常见的想法。

　　现在你知道你的压力长什么样了，当你感到压力占据脑海时，在心中想象压力的形象并与之对话。你可以说："这只是我的忧虑在说话。我能处理好的。你不能让我整天都活在忧虑中！"

感受温度计

所有的感受都有不同的程度。当事情进展顺利时，你可能会感到有点开心或非常兴奋。当对某事有点忧虑或非常紧张时，你可能会开始担心。使用下一页的图片来测量你在感受温度计上的位置，以便决定是自行解决还是寻求帮助。

手　账

感受温度计

你现在的感受位于温度计上的哪个位置？

我感觉：_____

10
9
8
7
6
5
4
3
2
1

我需要帮助！

我可以利用应对技巧渡过难关。

我感到自己的情绪正在升温，我在思考我该怎么办。

我目前状态良好，应对自如！

身体压力点

在前言中，我谈到了压力可能产生的不同影响方式以及压力症状可能的表现形式。很多孩子在压力下会出现身体症状。当你经历强烈情绪时，你的身体会发出警告，让你采取行动来应对这些情绪。你可能会有胃痛、头痛或肌肉酸痛。你可能会感到头晕或心跳加快。这些身体症状代表了情绪在你的身体中存储的不同方式。认识到自己的症状后，你就可以努力应对。

试着将压力与你的身体反应联系起来。你身体的哪个部位容易感受到压力？在下页的图中找到你的压力点并涂上颜色。

手账

身体压力点

感受到压力时，你身体的哪个部位最容易产生反应？

你上一次出现这种反应是在什么时候？

_____

_____

_____

做什么可以帮助你感觉好一点？

_____

_____

_____

感受日记

把你的感受写下来有助于你理清它们。一本个性化的情绪日记可以成为你应对每一天情绪起伏的特殊工具。

我之前提到过这一点,但值得重提:你不必非常喜欢写作才能使用这样的工具。以下是一些记日记的其他方式:

- 制作拼贴画,通过剪切和粘贴图片到日记中来表达你的感受。
- 涂鸦或画出你的感受。
- 保持简单:每天写下一件好事、一件不好的事和一件有趣的事。

最好的一点是,你可以在需要时随时翻阅你的日记。知道自己之前曾度过艰难的日子,并且知道自己可以再次做到这一点是很有帮助的。

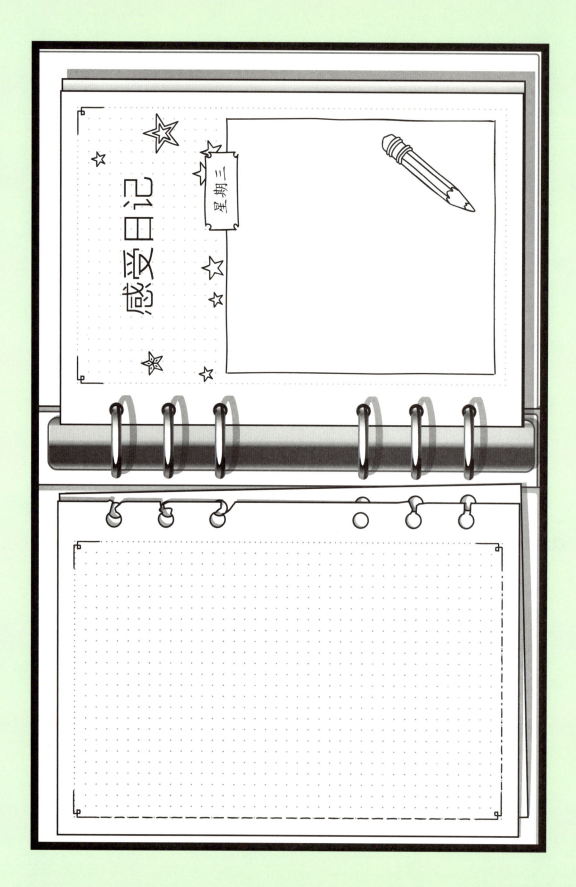

感受日记

星期三

第二章
建立抗压能力

　　每个人都需要学会处理不那么愉快的情绪，比如悲伤、愤怒。所有的孩子、青少年和成年人每天都会感受到积极的情绪和消极的情绪。积极的情绪让人感觉良好，而消极的情绪有时可能会让人感觉很糟糕。学会应对这些情绪就是建立压力容忍度，即抗压能力。

　　非常重要的一点是要记住情绪通常是对事物的暂时反应。当你感到非常紧张时，记住这种感觉不会永远持续，你将再次感到平静。当你学会如何处理这些讨厌的消极情绪时，你就不会感到那么压力重重了。

压力检查

　　既然你已经了解了很多关于情绪的知识，现在是时候专注于你的压力及其产生原因了。为此，在每天结束时进行一次小小的压力检查是很有帮助的。你可以使用附带的压力检查表，或创建自己的压力表。

每天进行压力检查有助于评估你的压力水平，并思考是什么增加了你的压力，又是什么减轻了你的压力。这两者同样重要。

当你知道什么样的触发因素会让你感到压力时，你就可以学会应对它们。当你找到了一天中让你感到平静和快乐的事物时，你可以尝试找到更多做这些事情的机会。

记住：经历压力只是人类生活的一部分。我们都会有压力。但你可以学会管理自己的压力，让它不至于压垮你。就像你在生活中学到的其他东西一样，你练习适应压力的技能越多，当压力来袭时使用起来就越容易。

你可以使用下面的压力检查表，也可以创建更适合自己的表格。无论哪种方式，快速检查让你有时间和空间思考你每天的压力以及你是如何处理的。有时你可能觉得自己的压力没什么大不了，你处理得很好，但有时你可能觉得自己在压力下已然失控了。这没关系。你总是可以寻求帮助。

手　账

压力检查表

在每天结束时，思考一下你在一天中感到压力的原因以及你是如何应对的。

你经常在哪里感到压力？

☐ 家里

☐ 学校

☐ 其他：_____

当时发生了什么事情？

_____

_____

_____

你是如何处理的？

_____

_____

_____

这个问题有多大?

你有没有注意到，对于不同大小的问题，压力带来的感觉可能是相同的？当我们的大脑转入压力反应模式时，我们往往会在分析情况之前就先经历压力症状。你可能会听到成年人称之为过度反应。一些成年人甚至用小题大做来形容孩子在面对困难情况时的反应。承受压力后的表现并不等同于小题大做，但在你学会处理压力感受之前，你很难避免产生强烈的反应。这里有一个小秘密：在应对紧急情况时，没有完美的反应。你只能尽力而为。

有一件事可以帮助你更快地从压力反应模式转变为问题解决模式，那就是问题强度评估。具体做法如下：

1. 深呼吸，释放身体中任何不舒服或紧张的感觉，并减缓你的压力反应。

2. 大声说："我有一个问题。这个问题有多大？"

3. 使用下一页的量表评估你的问题有多大。（或者你可以在心中想象这个量表。）这是一个 5 级问题吗，你无法想出解决办法吗？还是它更像 3 级问题，也许你能够自己处理？

4. 选择一个策略并解决问题。

你可能想在量表上添加自己的策略，这样你就可以选择自己认为可行的方法。这是个不错的想法，有自己的想法总是好的。

手　账

这个问题有多大?

☆ ★ ☆ ★ ☆

★☆☆☆☆　　1. 不算太大。我知道该怎么做。

★★☆☆☆　　2. 这件事让我感觉很有压力，但我正在思索解决方案。

★★★☆☆　　3. 我感到有压力。我可以做下列事情冷静下来：

- 深呼吸

- _____

- _____

★★★★☆　　4. 我感到不知所措。我可以尝试这些事情：

- 涂色

- 开合跳

- _____

- _____

★★★★★　　5. 我需要成年人帮忙解决这个问题。

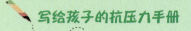

抓住那种感受

当负面情绪进入你的大脑时，你会想要像驱赶讨厌的苍蝇一样将它们赶走。没有人喜欢感到压力或不舒服的情绪。但是，你越是试图将它们赶走，它们在你的大脑中就会变得越大。而情绪感觉越强烈，它们对你的控制力就越强。

与其试图将这些情绪赶走，不如试着去捕捉它们。用你的接球手套抓住它们，并大声完成下面的句子：

我感觉到……
我之所以感觉这样是因为……
我会在……时感觉更好。

有时候，情绪只是我们必须经历的事情。感到害怕、紧张、生气、难过或其他不舒服的情绪是毫无问题的。你今天可以有这样的情绪，但明天仍然可以度过愉快的一天。这就是压力的本质。学会与不适感共处实际上能够帮助你感到更强大和更有信心应对压力。

内心与外在

有时候我们向外界展示的情绪与内心的感受并不一致。许多孩子即使内心感到有压力，也会在外表保持开心和平静。如果你也有这种感觉，那么你肯定不是孤单的。

在这个主题手账的第一页上，画出你在学校、运动或和朋友玩耍时，你认为的自己向别人展现出来的样子。你看起来开心、傻乎乎、专注还是其他什么？然后，在第二页上，在云朵中描述你在这些情况下感受到的内心情绪。这可能是一种积极情绪与消极情绪的混合。填写尽可能多的情绪。

完成后，请回答以下问题：

- 为什么你觉得要隐藏其中一些情绪？
- 是否有人可以与之分享？
- 当你开始与他人分享自己的情感时，可能会发生什么？

手 账

内心与外在

我们外在表现出来的情绪并不一定和内心的感受相一致。

在外表上，我看起来像是这样……

实际上，我的内心感受是……

在这些云朵上写下你内心所有的想法和感受。它们可以是快乐的感受、悲伤的感受、担心的感受、兴奋的感受——任何感受！

三种简单的呼吸技巧

或许你听过成年人谈论深呼吸的重要性，那是因为它是对抗压力、焦虑甚至愤怒的最佳防御方式。当你做一个好的深呼吸时，你真的可以让你的神经系统平静下来。（你可能还记得之前一章所说的，神经系统负责在面对压力时指挥你的身体进入战斗或逃跑状态。）没错，深呼吸改变了你对压力的整个反应。问题是大多数人不知道如何正确地做。

呼吸时在你脑海中数数，这会有很大的不同。下面是呼吸的运作方式：

- 深吸气，数到四。
- 屏住呼吸，数到四。
- 缓慢呼气，数到四。
- 屏住呼吸，数到四。

重复这个过程三次，你会感觉好多了。如果听起来很无聊，继续阅读以了解另外三种可以让深呼吸更有趣的技巧。

手账

方块呼吸法

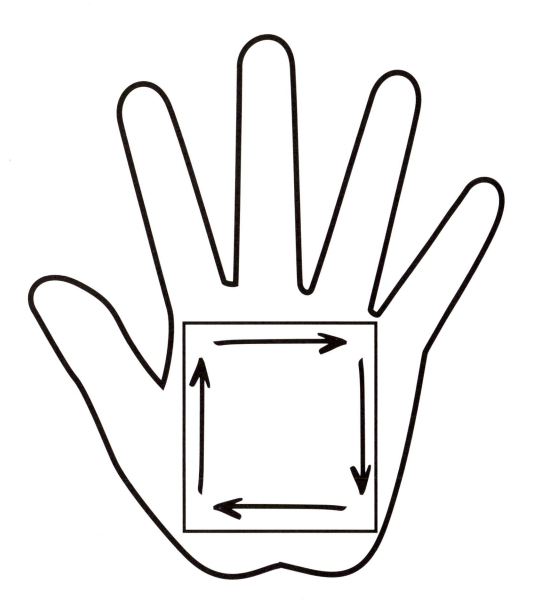

在呼吸时，假装手上有个方块，呼吸时视线随着方块上的箭头路线前进。

手　账

气球呼吸法

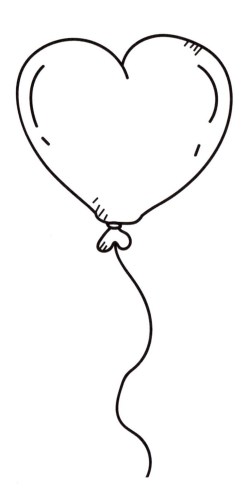

- 想象一个气球，为它选一个颜色。
- 在气球上添加一个图案。
- 想象给气球充气时使用你的数数技巧。
- 用绳子系好。
- 在气球上写下一条积极的想法。
- 放飞气球，让它飘向你关心的人。

手 账

彩虹呼吸法

1. 在你数数呼吸的同时，想一想你喜欢的所有红色事物，并用红色记号笔或蜡笔在彩虹上的第一道条纹上涂上红色。

2. 接着，移动到橙色条纹处，重复上述步骤。

3. 继续，直到涂满整道彩虹。

5 拍法——冷静下来!

现在你已经知道了压力和忧虑的早期警示信号,你可以注意在紧张情况下你的身体感受。当你感到症状出现时,这是一个很好的时机来练习让自己冷静下来。

这是一个相当简单的策略,提醒你自己在深呼吸的同时想象着在生活中让你感到平静的积极事物。这些积极事物可以是任何让你感到快乐或平静的事物。这个练习中没有答案对错之分。在进行练习时,记得深呼吸。

手 账

5拍法——冷静下来！

5 深呼吸 5 次。

4 说出 4 个关心你的人。

3 说出 3 件让你微笑的事情。

2 再做 2 次深呼吸。

1 与别人分享 1 个快乐的回忆。

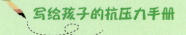

按下你脑中的暂停按钮

你的大脑里有一个暂停按钮，你知道吗？好吧，不是真的按钮，但你可以通过使用"着陆"（grounding）技巧来暂停你的压力思绪。"着陆"只是一种高深的说法，实际上就是说你可以通过将注意力集中在当前发生的事情上来战胜压倒性的情绪。

对于"着陆"技巧而言，好消息是：你可以随时随地进行，没有人会知道你在做这些！它们简单有效，也很隐蔽。所以，如果你在学校的课堂上感到超级紧张，你可以在课桌前使用这些技巧来缓解压力。

有不同种类的"着陆"技巧：有些技巧需要利用你的想象力，通过调用你的五种感觉（视觉、听觉、嗅觉、味觉和触觉）来打断压力思绪。有些技巧要求你改变思维或将注意力转移到其他事物上。还有一些肢体动作技巧，帮助你专注于眼前正在发生的事情。

所有这些技巧都通过平静你的神经系统来帮助你应对压力和焦虑。试试其中几种，看看哪些适合你。

通过想象力进行"着陆"

闭上眼睛，数一数你的呼吸。在呼吸时，想象以下事物：

- 你最喜欢的地方（你能看到什么、闻到什么、感觉到什么、尝到什么、听到什么？）
- 你最喜欢的食物（它是什么样子？它的感觉如何？它的味道和气味如何？）
- 你最喜欢的安慰物（它是柔软的、毛茸茸的么？它的外观和感觉如何？）

通过肢体动作来"着陆"

这些快速的身体动作可以帮助你将注意力集中（或重新集中）在当前正在发生的事情上。

- 将冰块放在手腕或颈后。
- 喝冷水。
- 在手中摩擦光滑的石头。
- 挤压抗压球。
- 做 10 个跳跃。
- 大声拍手 10 次，轻声拍手 10 次。
- 搓手 10 秒钟。
- 把手臂伸到背后拉伸一下。
- 原地慢跑 30 秒。

通过改变思维来"着陆"

尝试以下提示，让你的思维为你所用。

- 说出你所看到的事物：列举出 5 个你能看到的事物。
- 叙述你所经历的：发生了什么？大声说出来。
- 列出关心你的人。
- 唱一首让你感到愉快的歌。

选择你的道路

建立抗压能力的重要部分是在高压时刻学会做出重要决策。这并不容易。当你的大脑转入战斗或逃跑模式，或者当你感到焦虑不安时，你很难快速做出决策来帮助你掌控局面。

为了帮助你应付这种局面，提前思考会有所帮助。你可以通过思考在不同情况下哪些应对策略会起作用来提前制订计划。如果将来出现困难情况，你就已经知道选择哪条道路可以让你继续前进！

为了创建这个计划，看看下页图中显示的两条路径。其中一条路径叫作"应对之路"。在这条路径上，列出你认为适合你的所有已掌握的应对策略。另一条路径叫作"求助之路"。在这条路径上，列出所有可以帮助你渡过难关的人。

手　账

选择你的道路

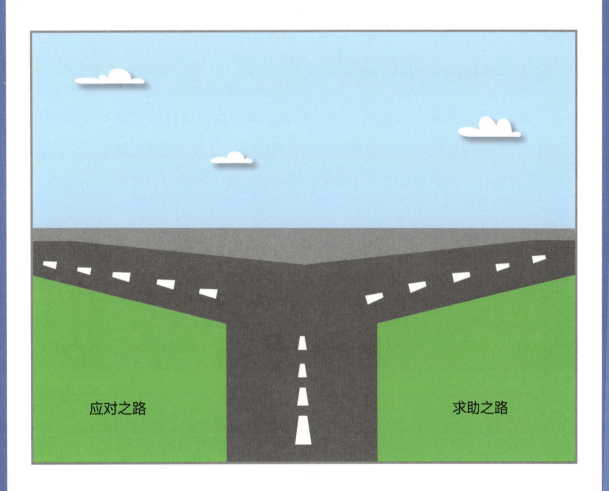

应对之路　　　　　　　　　　　　求助之路

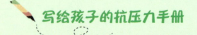

用你的语言去表达！

父母常常对刚开始学说话的小孩说"用你的语言去表达！"，尽管这句话对他们来说通常没什么意义。实际上，这是一项对于年长一点的孩子更加重要的技能。因为当你处于压力之下时，使用积极的语言、短语，甚至歌曲可以帮助你恢复冷静，并掌控局面。让我们通过创建一个朗朗上口的口号和唱出你的压力来练习使用这个技巧吧！

创建一个朗朗上口的口头禅

口头禅是我们可以反复念诵的简短短语，提醒我们自己的优势。当你开始感到压力或焦虑时，这些口头禅非常有用。每当你注意到自己感到紧张时，反复念诵你的口头禅，提醒自己你可以应对。使用以下口头禅或者创造自己专属的口头禅：

- 世上无难事，只要我去做。

- 压力只是暂时的。

- 我知道我能应付得了。

- _____

- _____

- _____

唱出你的压力

这可能听起来有点傻，但这也是一种应对压力的方式：改编你最喜欢的歌曲的歌词，让它变成关于你的压力的歌曲。可以在歌词里增加一些幽默感。当你不知所措时，这首歌可以平静你的身心。所以赶快行动起来改编你最喜欢的歌曲吧，在遇到困难时大声唱出来！

让糟糕的情绪飞走

有时候应对压力情绪最好的方法是给它们贴上标签，写下它们的名字，然后将其放飞。当你不确定如何处理消极情绪时，它们往往会让你感觉无法控制，但是通过觉察自己的情绪，并在它们出现时及时处理，你就能够获得控制权。

下次当你感到压力过大时，大声喊出你的感受，把它写在一张纸上，然后将纸折成纸飞机，让这种消极情绪飞离你身边。

手 账

让糟糕的情绪飞走

步骤 1：写下 / 画出你的情绪和触发情绪的事物

你感觉如何？是什么事情引起了这些情绪？

步骤 2：折纸飞机

制作纸飞机可以给你时间处理你的情绪。

步骤 3：大声重复说出你的情绪，全力掷出你的纸飞机吧！

与你信任的成年人谈论你的感受。

步骤 4：追逐纸飞机并重复这一过程，或者重新制作一架新的纸飞机

你要知道，情绪不会消失，但你可以学会应对它们。

渐进性肌肉放松法

当你感到压力时，你可能会在身体所有肌肉中感到很多紧张或紧绷的感觉。这是非常常见的。这甚至在你还没有意识到的情况下就发生了。你可能会注意到在压力大的时候你会握紧拳头或咬紧牙关，或者你可能感到手臂和腿部肌肉紧绷起来，你甚至可能会有颈部、肩部或背部的疼痛。所有这些都可能是由于肌肉紧张引起的。

渐进性肌肉放松法（PMR）是一种帮助你释放肌肉中积累的紧张感的策略——肌肉群逐个进行，直到你将紧张感全部释放出体外。当你试着释放压力，你会感到稍微放松一些。

这个策略的很棒之处就是你可以在任何地方进行放松，甚至可以在你的书桌旁或路途中进行。请按照下一页所示的步骤尝试一下。

手 账

渐进性肌肉放松法

用力握紧你的拳头，收紧手臂肌肉，并保持住，数到四，然后缓慢地松开，数到四。重复进行。

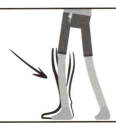

用力收紧你的脚部和腿部肌肉，并保持住，数到四，然后缓慢地松开，数到四。重复进行。

用力收紧你的腹部肌肉，并保持住，数到四，然后缓慢地松开，数到四。重复进行。

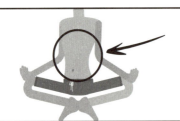

用力收紧你的肩膀和颈部肌肉，并保持住，数到四，然后缓慢地松开，数到四。重复进行。

用力收紧你的面部肌肉，并保持住，数到四，然后缓慢地松开，数到四。重复进行。

压力应对工具包

每个人都需要一个压力应对工具包。一种有趣的方法是将各种不同的应对策略写在冰棍棒上，收集在一个罐子里。当你感到压力并需要一种策略时，抽出一根冰棍棒并尝试上面的策略。你也可以将它们写在便签上，放在一个盒子里。策略写在哪并不重要，重要的是将它们写下来。

最好能为不同的情绪和情境准备不同的策略。有时你可能需要一个安静的活动来平静下来，有时你可能想要做一些肢体动作来释放紧张情绪。以下是一些示例。你会在你的工具包中放入什么呢？

镇定策略

听音乐

涂色或绘画

寻出一种图案规律

玩培乐多（play-Doh）橡皮泥

做填字游戏

肢体策略

做十个俯卧撑

散步或跑步

骑自行车

跳舞

伸展身体

一个人的活动

写日记

阅读

写一个故事

抱宠物

进行深呼吸

挤压解压球

家庭 / 团体活动

一起做游戏

烘焙或烹饪食物

一起大声朗读

一起参加障碍赛

户外徒步

第三章
克服障碍

压力无处不在。无论什么年龄段的人都会遇到压力。当孩子们经历压力和忧虑时，他们很难看到自己走出迷宫的道路。哪怕是小问题，压力也会让你感觉这个问题像一个无法解决的巨大挑战。好消息是你可以学习如何处理压力、克服障碍。通过改变你的思维方式，你实际上可以改变事情的结果。

但是，这需要你付出一些努力。克服障碍需要你相信自己解决问题的能力。你可以做到，但你必须学会信任自己。

你是否听过老师谈论"跳出固定思维模式"？这是老师教我们有时需要在解决问题的技能上进行创造性的思考。我们必须会利用已有的知识，有时还需要加上新的想法。所以，你要学会多从不同的角度看待问题，并尝试新的方法，而不是一遍又一遍地坚持老的策略。

跳出固定思维模式对于克服障碍非常有帮助。很多时候，需要做一些困难的事情时，成年人会教给孩子们一些办法，但是当你养成自己解决问题的习惯后，你会惊讶于自己也能有那多么好的想法。

控制区域

解决问题的第一步是思考哪些问题在你的控制范围内，哪些不在。你的压力反应可能会告诉你在这个问题上你没有任何控制权，但那只是压力在你的大脑中说话。当你试图应对困难时，不要轻易相信你的大脑告诉你的一切。你可以通过将问题分为两个不同的区域来认清发生了什么，并找出应对方法：控制区域和非控制区域。以下是逐步分解的方法：

1. 首先，说明问题。找出困扰你或让你感到压力的事情。

2. 然后确定你的目标。这是你希望发生的事情。

3. 接下来，识别所有导致问题的因素。

4. 使用下页手账中的圆圈将所有因素归类到相应的区域中。

5. 非控制区域中的任何事物现在对你都没有帮助。把它们放在一边。

6. 现在看看你放在控制区域中的因素。想想如何利用它们来解决问题。

在你开始之前，让我们举一个例子。想象一下，你和朋友们发生争执，因为你想玩木头人，但他们坚持要玩夺旗游戏……又一次。他们有三个人，而你只有一个人。你觉得他们从不听取你的想法，所以你感到沮丧，拒绝参与游戏。他们嘲笑你，说你不要像个"婴儿"一样，然后甩开你玩去了。下一页是使用控制区域来解决这个问题的示例。

手账示例

控制区域

问题：我想换一个游戏，但我的朋友们不听取我的想法。

目标：我想与我的朋友们谈谈换个游戏的想法。

解决方案：我可以询问我的朋友们对轮流玩几种不同游戏的看法。如果不行，我也可以尝试去和别的小朋友一起玩，这样我就有了更多选择。

手 账

控制区域

问题：＿＿＿＿＿＿＿＿＿＿＿＿＿＿＿＿＿＿＿＿＿＿＿＿＿＿

目标：＿＿＿＿＿＿＿＿＿＿＿＿＿＿＿＿＿＿＿＿＿＿＿＿＿＿

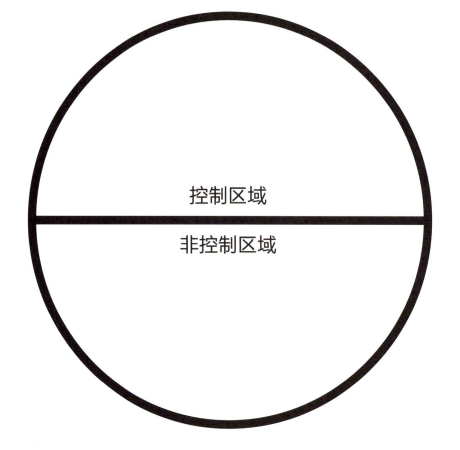

解决方案：＿＿＿＿＿＿＿＿＿＿＿＿＿＿＿＿＿＿＿＿＿＿＿

＿＿＿＿＿＿＿＿＿＿＿＿＿＿＿＿＿＿＿＿＿＿＿＿＿＿＿＿

＿＿＿＿＿＿＿＿＿＿＿＿＿＿＿＿＿＿＿＿＿＿＿＿＿＿＿＿

＿＿＿＿＿＿＿＿＿＿＿＿＿＿＿＿＿＿＿＿＿＿＿＿＿＿＿＿

掌控局面！

许多孩子在遇到意外障碍时不知道该怎么办。还记得我们讨论过的战斗或逃跑模式吗？当你感觉想要逃避困难的时候，你的大脑处于逃跑模式。而当你面临同样的问题，感觉想要尖叫或大声怒吼时，你的大脑处于战斗模式。

有时候解决一个问题相当简单。例如，如果你和朋友们在争论玩什么游戏，你可以制订一个轮流玩的计划。但有时候你很难立即看到解决方案。没关系，你不需要立即拥有所有答案，没有人能做到！

你可以做的一件事是进行头脑风暴。当你将思维从"我不知道该怎么办"转变为"我想知道哪些想法会有帮助"，你就从战斗或逃跑模式转入问题解决模式了。一个好的头脑风暴的关键是记住所有的想法都值得考虑。记录下你脑海中的每一个想法（即使是那些看似搞笑的想法！）。之后再进行评估。

头脑风暴有两个好处：它让你摆脱困境，以健康的方式前进；它能帮助你找到合理的解决方案来应对障碍。头脑风暴帮助你掌控局面！我喜欢在白板上做头脑风暴，因为可以轻松添加和擦除想法，你也可以使用下一页的方框。按照以下步骤进行：

1. 写下你能想到的每一个可能的解决方案。如果一开始有困难，可以请朋友或成年人帮忙。有时一个想法会引发另一个想法。
2. 退后一步，整理这些想法。它们中有重叠的吗？在白板上将它们归类分组。
3. 评估你的想法。考虑哪些可能可行，哪些可能不可行。擦掉或划掉那些不可行的想法。
4. 圈出前三个最可行的想法。选择其中一个并尝试一下！

手 账

掌控局面

问题：_____

头脑风暴：_____

```



```

前三个想法：

1. _____

2. _____

3. _____

我会先试试这个解决办法：_____

如果我需要帮助，我会找：_____

放松故事

很多孩子在压力大的时候都会入睡困难。事实上，睡眠问题通常是孩子们感到压力或焦虑的一个征兆。当你停下了一天的事情，静静地躺在床上，你努力压制了一整天的压力就会袭来并成为主角。这可能导致失眠或入睡困难。

减轻入睡前压力的一种方法是利用你的想象力创造一个放松的故事，帮助你入睡。就像入睡前在你的脑海中播放一部宁静的电影。最好在白天安静的时刻提前构思好这个故事，这样晚上就不必临时去想了！

好了，现在开始创作你的放松故事。请闭上眼睛，想象一个让你感到愉快的宁静环境。你可以回想一下过去的经历或去过的地方，或者只是在脑海中创造一个。试着尽可能详细地想象这个地方的细节。你在周围看到了什么？你听到了什么声音，闻到了什么气味？有什么人和你在一起？在这个愉快的地方，你在做什么？尽量让自己详细地想象出这个场景。

然后睁开眼睛，使用下一页上的胶片一帧一帧地绘制你的电影。给每张胶片添加尽可能多的细节。今晚当你准备入睡时，闭上眼睛，想象放松故事中的每一个场景，仿佛每个画面都在你脑海中的电影屏幕上播放一样。

你还可以录制你的放松故事，在每天晚上睡觉时播放。记得描述所有的细节，并用最温和平静的声音讲述。这就是你讲给自己的入睡故事，快试一试吧！

手账

放松故事

在胶片上一帧一帧地绘制你的电影。给每张胶片添加尽可能多的细节。

你还可以录制你的放松故事，在每天晚上睡觉时播放。

这个还是那个?

当你面对一种让你感到压力的情况时，如果你无法决定如何处理，你可以列出两个行动清单：你的直觉反应（或第一感觉）和你的备选方案。

有时候直觉反应可能是最好的办法，有时候你可能需要其他选择。例如，一些解决方案在家里可行，但在学校可能行不通。这就是为什么备选项很重要。你总是需要多于一种的策略。看看这个例子：

麻烦：其他孩子在午餐时谈论周末计划，但你没有被邀请在内。

这个（直觉反应）

站起身并离开桌子

告诉他们不应该把你排除在外

在课间休息时加入另一个小组

那个（备选方案）

获取更多信息

告诉他们你的感受

告诉家长，一起解决问题

轮到你了!

手 账

这个还是那个？

麻烦：_____

这个（直觉反应）　　　　　　　　那个（备选方案）

_____　　_____

圈出你想要尝试的策略。

忧虑脑 / 冷静脑

我们的大脑中有一个冷静思考的部分，也有一个不断生产忧虑想法的部分。这是自然的。有时候，我们的忧虑脑真的很有帮助！它们提醒我们在过马路前要多看几次。问题在于，忧虑脑可能变得过于活跃和喧闹，这使冷静脑很难发挥作用。在两者之间找到平衡非常重要。

在这个活动中，在"冷静脑"单子上填写所有流经你脑海的冷静、充满希望和快乐的想法。在"忧虑脑"单子上，填写你在一天中产生的所有忧虑的想法。现在将这两张单子并排放在一起。这些忧虑想法让你感觉如何？那些冷静的想法呢？你如何利用冷静的想法来对付忧虑的想法呢？两张单子上有没有一些内容看起来是相互关联的？

当你的忧虑脑和冷静脑合作时，你能更好地解决问题，应对不舒服的情绪。下面这个技巧能让你的大脑这两个部分互相合作。完成下面句子："我现在对（在此处表达你的忧虑）感到忧虑，但这是暂时的。当我（在此处写下能减轻忧虑的行动）时，我会感到（在此处表达积极的情绪）。"

例子：

我现在对我的拼写测试感到忧虑，但这是暂时的。

当我出去和朋友们一起跑来跑去时，我会感到快乐。

轮到你了！选择一个你在"忧虑脑"单子上写下的任意的忧虑想法，并看看"冷静脑"单子上有没有冷静的想法能够帮助你应对这种情况。

我现在对＿＿＿＿＿＿＿＿＿＿＿＿＿＿＿＿＿＿＿＿＿＿感到忧虑，但这是暂时的。

当我＿＿＿＿＿＿＿＿＿＿＿＿＿＿时，我会感到＿＿＿＿＿＿＿＿＿。

手　账

冷静脑

填入一天中流经你脑海的所有冷静、充满希望和快乐的想法。

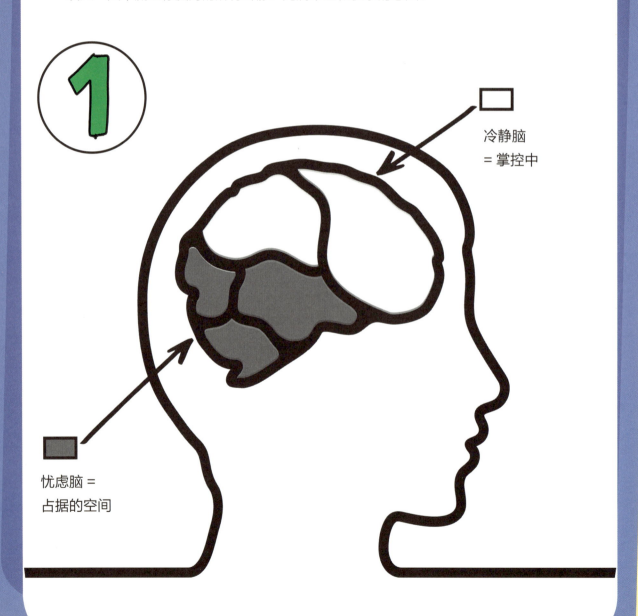

手 账

忧虑脑

填入一天中流经你脑海的所有忧虑的想法。

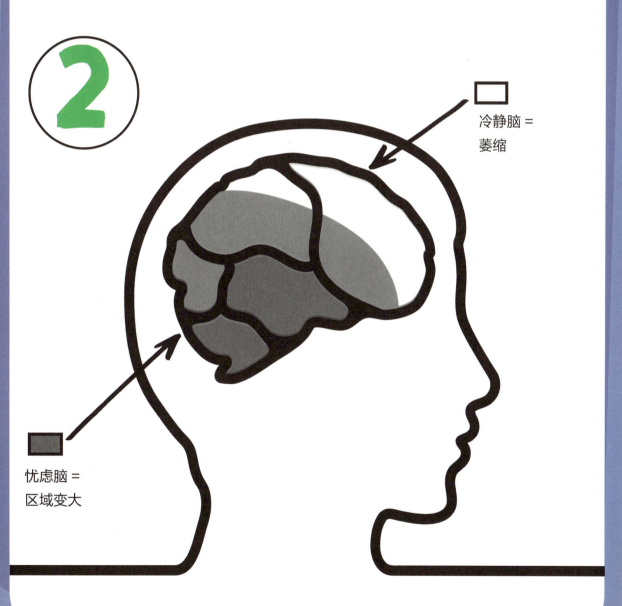

冷静脑 ＝
萎缩

忧虑脑 ＝
区域变大

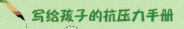

问题解决卡

克服障碍的困难部分之一是思考并找到最佳的问题解决策略。这些便捷的问题解决卡提供了帮助你确定问题大小、制订计划并付诸行动的必要步骤。

当你学会按照特定步骤解决问题时，你就有时间减缓压力反应并清晰地思考。以下是问题解决过程中涉及的五个步骤：

1. **陈述问题**。这听起来很简单，但有时我们过于纠结于问题引发的感受，难以确定问题所在。深呼吸三次，大声陈述问题。
2. **确定障碍**。障碍是使问题难以解决的事物。大声说出它们有助于提醒你的大脑进行思考。
3. **制订计划**。既然你知道了问题和障碍，你可以做什么来绕过它们？
4. **测试计划**。试试看！你的第一个计划可能还需要改进，但只有尝试才能知道。
5. **评估结果**。你的计划有效吗？如果无效，需要做哪些改变？继续努力，并再试一次。

例子：你和小伙伴们在课余时间无法开始游戏，因为大家都在争吵玩什么。

1. **陈述问题**：争论要玩什么使得游戏无法进行。
2. **确定障碍**：小伙伴们在争吵，每个人都有自己的想法。
3. **制订计划**：每个人将自己的想法写在一张纸上，然后大家从中抽选。
4. **测试计划**：找纸和写下想法花费了十分钟。
5. **评估结果**：好主意，但也许剪刀石头布会更快。

在下一页上，你将找到一些问题解决卡，提醒你使用这五个步骤。剪下这些卡片并随时放在手边，或者制作自己的卡片！

手 账

问题解决卡

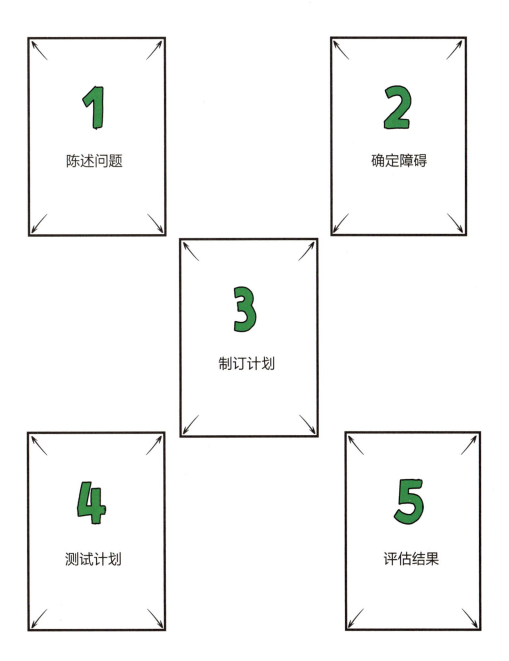

1	2
陈述问题	确定障碍

3

制订计划

4	5
测试计划	评估结果

攀登者

很多孩子在面对障碍时感觉自己要攀登高耸的山峰。如果有障碍阻止他们攀登，他们会觉得永远无法实现到达顶峰的目标。然而，攀登山峰的诀窍是一步一步地攀登，并且适时休息。你不能一路冲向顶峰，你必须控制自己的节奏。

想象一下你正在攀登一座由障碍物组成的山峰。思考你需要从哪里开始。你不是从半山腰开始爬山。你必须从起点开始，采取小步骤。如果遇到滑溜溜的岩石或杂草丛生的小径，你必须停下来思考如何绕过它们。

在这座山的每个停留点上填写你将如何解决问题。首先，在山脚下确定你面临的困难。那是你的起点。接下来，思考一个你可以采取的小步骤来解决它。这是你的第一个喘息机会。在抵达顶峰之前，至少规划出三个步骤。恭喜，你刚刚找到了克服障碍的方法！

手账

攀登者

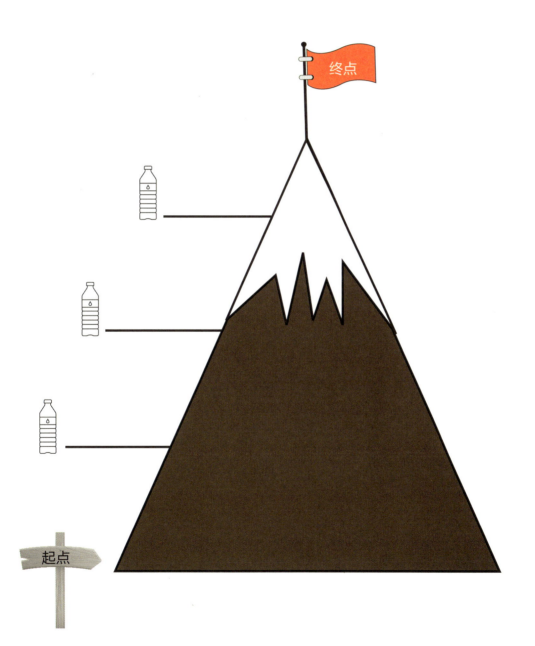

健康和不健康的应对方式

当意外的障碍妨碍了孩子们实现目标，他们往往会感到愤怒、沮丧或不知所措。当孩子们感受到一股负面情绪时，他们往往会将其外化（通过大声喊叫、跺脚或摔门等方式发泄出来）或内化（将情绪压抑，在内心积累并愈发强烈）。这两种都是不健康的应对方式。

健康的应对方式可以帮助你表达自己的感受，而不会伤害他人。它们让你能够处理自己的情绪，从而为解决问题做好准备。相比之下，不健康的应对方式最终会让你（以及周围的人）感觉更糟。

下一页列举了一些健康和不健康的应对方式的例子。如果你过去使用过一些不健康的方式，没关系。这就是为什么现在你需要学习新的方式！圈出你已经使用过的策略，为你想尝试的新策略加上星号。如果你能想到其他策略，请添加到列表中。

手 账

健康和不健康的应对方式

健康的应对方式	不健康的应对方式

健康的应对方式

- 深呼吸
- 散步
- 使用"我感觉到……"陈述
- 与宠物玩耍
- 闭上眼睛数到十
- 写下自己的感受

不健康的应对方式

- 大声喊叫
- 责怪他人
- 愤怒地离开
- 争论
- 把自己封闭起来并忽视其他人
- 将感受藏在心里

障碍金字塔

当你感到心烦意乱或不知所措时，即使是一个小障碍（比如早上找不到数学书）也会变得很大。这可能是因为当你遇到障碍时，你的大脑会进入战斗或逃跑模式；也可能是因为你已经感到压力很大，新的障碍让你感觉雪上加霜；还可能是因为你没有太多独立克服障碍的经验，所以你没有自信来掌控局面。

好消息是，大多数障碍并没有我们在那一瞬间认为的那么大。当我们能够冷静下来并进行逻辑思考时，通常可以找到克服障碍的方法。

使用下一页的障碍金字塔来评估你的障碍实际有多大，看看你可以采取什么行动来克服这些大大小小的障碍。在每个不同的障碍级别旁边，写下一些你可以使用的策略或可以寻求帮助的人。这是重要的一步。在将来遇到障碍时，知道该怎么办或该向谁求助能够为你提供行动计划。

手 账

障碍金字塔

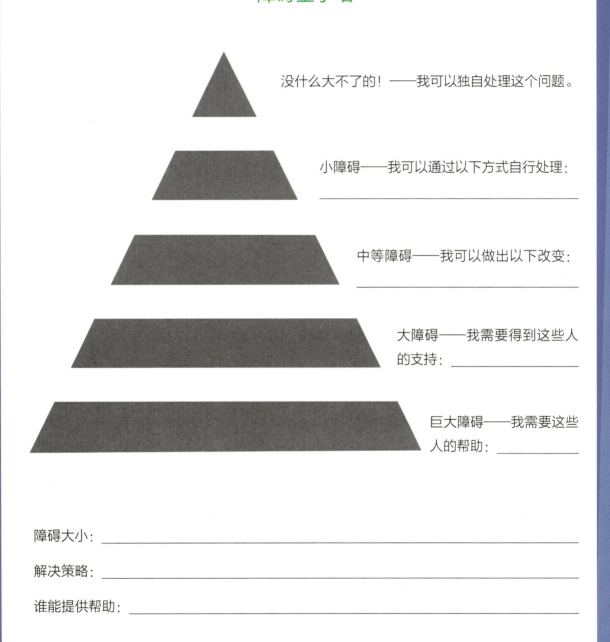

没什么大不了的！——我可以独自处理这个问题。

小障碍——我可以通过以下方式自行处理：

_____

中等障碍——我可以做出以下改变：

_____

大障碍——我需要得到这些人
的支持：_____

巨大障碍——我需要这些
人的帮助：_____

障碍大小：_____

解决策略：_____

谁能提供帮助：_____

图文小故事

图文小故事很有用，因为你可以通过文字和图片看到故事的情节发展。你能准确地找出问题出现的地方以及相应角色可能需要做什么来解决问题。

让我们来创作自己的图文小故事吧。回想一个你没有处理得很好的问题。它是如何开始的？当你意识到自己正面对一个不知该如何解决的问题时，你感觉如何？你当时做了哪些选择？逐场景分解这个情境。如果你喜欢画画，那太好了！如果你不喜欢，也可以用文字、涂鸦甚至拼贴的方式来讲述故事。

图文小故事完成后，看看它，找出你可以使用更好解决策略的地方。在图文小故事中圈出对应的格子。在那个格子里发生了什么？下次你会使用什么策略？将这些写在该格子旁边作为提醒。

你并不总能够在关键时刻使用最好的策略。有时候情感会占据上风，你的新技能、理智都很难发挥作用。等冷静下来后使用图文小故事可以帮助你从事件中学习，并思考下一次遇到类似情况该怎么做。这是一个重要的练习，可以帮助你掌握解决问题的技能。

手　账

图文小故事

图文小故事

使用红绿灯

你每天都会遇到障碍。其中有些可能很大，但大多都相对较小。所有这些障碍都需要你在行动之前先思考。减慢速度先考虑周全可以帮助你做出正确的决定。一个帮你减速并找到最佳计划克服障碍的方法是想象你的头脑中有一盏红绿灯。

使用下一页的手账，让你的思绪跟随红绿灯从红色到绿色。完成后，考虑一下效果如何。你的计划成功了吗？如果是，恭喜你！如果不成功也没关系。你可以回到红灯处重新开始。

手　账

使用红绿灯

停止：深呼吸三次。

你面临的障碍是什么？ _____

_____

_____

缓行：思考你的计划。

主意 1：_____

主意 2：_____

出发：使用你的计划克服障碍。

你希望发生什么？ _____

_____

_____

权衡你的选择

解决问题时，通常每种解决方案都各有利弊。例如，如果你和同伴争论要玩什么游戏，一个简单的解决方案是轮流玩。这个方案的优点（积极的一面）是你们能立刻停止争论，因为你们有了一个计划。然而缺点（消极的一面）是你可能需要等待一段时间才能轮到玩你希望玩的游戏。

在做选择之前，评估解决方案的优缺点可以给你时间思考最好的选择。当你看到优点和缺点时，你可以想象将优点放在天平的一端，将缺点放在另一端。哪一边更沉？这将帮助你做出决策。

手　账

权衡你的选择

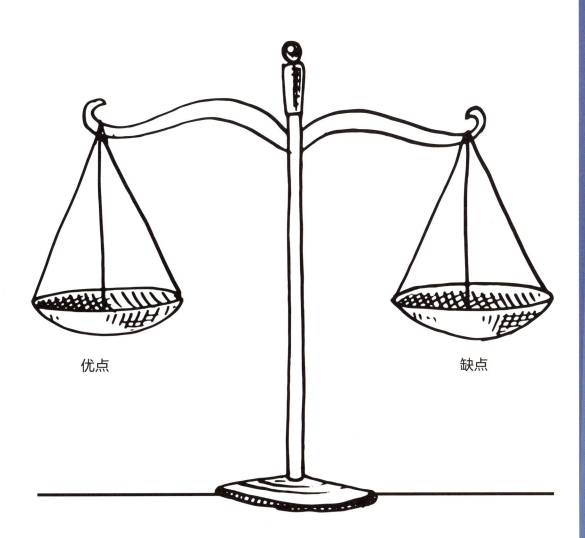

优点　　　　　　　　　　　　　　　缺点

为挫折做准备

即使你觉得自己已经掌握了解决问题的技巧，但有时仍然会遇到挫折。有时人们会因为紧张而忘记自己的技能，这甚至在成年人身上也时常发生！所以提前计划应对可能的挫折是很有帮助的。你花更多时间思考如何克服障碍，你的大脑就会更深刻地内化这些解决问题的技巧。内化意味着你的大脑学会了如何在不经过思考的情况下便运用这些技能。很快，你就能像专业人士一样解决问题了！填写下面的手账，制订一个反挫折计划吧！

手 账

为挫折做准备

我最喜欢的三种解决问题的策略：

1. _____

2. _____

3. _____

它们对我有效是因为：_____

_____

如果需要帮助，我可以向这三个人求助：

1. _____

2. _____

3. _____

如果我的计划第一次不起作用，我可以尝试这个策略：

_____

_____

_____

写给孩子的
抗压力手册

第四章
建立沟通技能

处理压力时进行良好的沟通非常重要。沟通只是一个大词，意味着你可以与他人交谈，分享你的思想和感受。当孩子们能够自信地表达自己的需求时，他们便能更好地表达自己的感受，寻求帮助，并为自己和他人站出来。良好的沟通在帮助你应对可能引发压力的困难方面尤为重要，比如与同伴发生冲突或处理欺凌行为。

什么是良好的沟通方式？良好的沟通是坚定的、果敢的、自信的。这意味着你能以冷静自信的方式维护自己的利益。这与侵略性的沟通方式（包括粗鲁的、专横的或刻薄的）以及被动的沟通方式（不为自己辩护，假装一切都好——即使事实并非如此）形成鲜明对比。

培养自信的沟通技巧需要时间，有时候孩子们会混淆这三种沟通方式。如果你还不了解它们之间的区别，不要担心。在本章中，你将学习所有关于沟通的知识。

下面是对这些不同沟通方式的描述。在阅读每一段描述时，思考一下你是如何与他人沟通的。提示：你可能在不同的时候使用不同的沟通方式。

被动沟通：

- 和别人进行眼神交流有困难
- 经常说"我不知道"或"我不确定"
- 说不出内心的想法
- 轻声说话
- 经常道歉
- 不愿意在集体中发言
- 姿态低垂

侵略性沟通：

- 打断他人或压制他人发言
- 主导对话
- 用大声、粗鲁或刻薄的口吻说话
- 使用威胁或恐吓的肢体语言
- 使用贬低的言辞
- 责备他人
- 经常争论

自信沟通：

- 与对方进行良好的眼神交流或注视
- 用冷静、清晰、坚定的口吻说话
- 毫不内疚地说"不"
- 点头并提问以显示你在倾听
- 自信地分享你的关注点
- 挺直身体，友善地示意

接下来，你将评估你的沟通方式。这将帮助你确定你需要在哪方面提高。

手 账

我采用哪种沟通方式？

思考一下你与朋友、兄弟姐妹、父母、老师和其他人交流的方式。在以下你认为符合自己的陈述前打钩。如果每个风格列表中都能选中几个也没关系！

风格 A

☐ 当我和别人交谈时，我往往看着地面，难以进行眼神交流。

☐ 当别人问我的意见时，我经常说"我不确定"或"我不知道"。

☐ 回答问题时，我说话声音很低。

☐ 我很难在群体中发言。

☐ 我通常让我的朋友或群体中的其他人做决定。

☐ 回答问题时，我经常以"我不知道这样说对不对，但……"或"我可能错了，但……"开始。

☐ 如果感觉有人盯着我，我会觉得很难开口说话。

☐ 即使我没有做错任何事情，我也会道歉。

风格 B

☐ 我说话快，声音大。

☐ 在人群中，我通常是最健谈的人。

☐ 有时候我会离别人很近以确保他们在注意听。

☐ 如果我觉得这对我不公平，我经常陷入和别人的争吵之中。

☐ 我有时会说话带刺。

☐ 我会在表达观点时开些别人可能不觉得有趣的玩笑。

□ 如果我有重要的话要说，我就不等别人把话说完。

□ 我喜欢让别人知道我是对的。

风格 C

□ 我说话时感到自信。

□ 我尽力保持眼神交流。

□ 我讲话时很冷静。

□ 我的声音清晰，容易听清。

□ 我可以当众发表自己的观点。

□ 我通过点头和提问来表现出我在倾听。

□ 我等待别人说完再开始说话。

□ 必要的时候，我能毫不犹豫地拒绝别人。

现在看看你在哪个类别中勾选的最多？

- 风格 A：在沟通中你倾向于被动，很难表达自己的想法。你不善于表达自己的需求。你要学会表达自己的主张。

- 风格 B：你似乎是一个激进的沟通者。你可能需要改善倾听技巧和学习如何在对话中灵活转换角色，换位思考。

- 风格 C：听起来你已经在练习积极、正向的沟通方式了。继续努力提高你的倾听技巧，并向同伴和成人表达自己的想法和需求。

照镜子

有时候，你并不知道自己的沟通方式是怎样的，因为你没有真正看到自己说话时的样子！你可能认为自己站得笔直，进行了眼神交流，但在别人眼里你看起来精神涣散，心不在焉。练习自信坚定的沟通技巧的一个好办法是站在镜子前练习。这样你可以看到自己的非语言信号，包括身体语言、面部表情和语调。自信的肢体语言包括微笑、用自信的声音说话和保持良好的眼神交流。良好的沟通不仅取决于你说了什么，还取决于你如何说。这就是为什么注重非语言信号如此重要。

为了练习你的非语言沟通技巧，请站在镜子前面，给自己讲一个故事。与自己进行眼神交流，当讲到有趣的事情时报以微笑，当故事有暂停时做出回应。对自己说话可能看起来很奇怪，但它实际上有助于增强你的说话信心。

在下一页上画出自己在镜子里自信讲话的样子。哪些非语言信号能向他人展示出你很自信？

手　账

照镜子

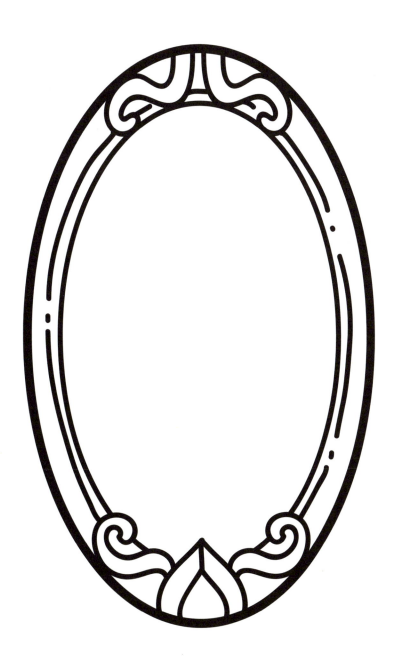

I 语句

在表达自己的感受、想法和需求时，使用"I 语句"（即以"我"为开头的语句）很有帮助。这样做可以避免指责他人或怪罪他们导致你有不好的感受。掌握自己的感受是强大的，这能帮助你专注于如何让自己感觉更好。

这需要一些练习。以下是"I 语句"的使用方法：

我感到……（说出你的感受），……（说出导致这种感受的原因）。因为……（解释原因）。请……（说明你希望对方做哪些不同的事情）。

让我们试验一下，这样你就能明白"I 语句"是如何运作的。假设你的朋友正在就足球赛中你没有及时传球而与你争吵，朋友的声音变得很大而且带着威胁。这时，你可以使用"I 语句"：

我感到<u>非常难过，听到你这样说</u>。
因为<u>我当时也不知道你的位置</u>。
请<u>给我一个说话的机会，下次你要球时跟我打一个手势，好吗</u>？

轮到你了！

手　账

I 语句

　　我感到＿＿＿＿＿＿＿＿＿＿＿＿＿＿＿＿＿＿＿＿＿＿＿＿＿（说出你的感受），

＿＿＿＿＿＿＿＿＿＿＿＿＿＿＿＿＿＿＿＿＿＿＿（说出导致这种感受的原因）。

因为＿＿＿＿＿＿＿＿＿＿＿＿＿＿＿＿＿＿＿＿＿＿＿＿＿＿（解释原因）。

请＿＿＿＿＿＿＿＿＿＿＿＿＿＿＿＿＿＿＿（说明你希望对方做哪些不同的事情）。

　　我感到＿＿＿＿＿＿＿＿＿＿＿＿＿＿＿＿＿＿＿＿＿＿＿＿（说出你的感受），

＿＿＿＿＿＿＿＿＿＿＿＿＿＿＿＿＿＿＿＿＿＿＿（说出导致这种感受的原因）。

因为＿＿＿＿＿＿＿＿＿＿＿＿＿＿＿＿＿＿＿＿＿＿＿＿＿＿（解释原因）。

请＿＿＿＿＿＿＿＿＿＿＿＿＿＿＿＿＿＿＿（说明你希望对方做哪些不同的事情）。

　　我感到＿＿＿＿＿＿＿＿＿＿＿＿＿＿＿＿＿＿＿＿＿＿＿＿（说出你的感受），

＿＿＿＿＿＿＿＿＿＿＿＿＿＿＿＿＿＿＿＿＿＿＿（说出导致这种感受的原因）。

因为＿＿＿＿＿＿＿＿＿＿＿＿＿＿＿＿＿＿＿＿＿＿＿＿＿＿（解释原因）。

请＿＿＿＿＿＿＿＿＿＿＿＿＿＿＿＿＿＿＿（说明你希望对方做哪些不同的事情）。

边界宣言

学会说"不",为自己设定健康的边界需要不断地练习。边界是对你的个人空间设定限制,定义你对什么感到舒适和不舒适。边界可以是物理上的(比如保护你的身体隐私),也可以是情感上的(比如善待他人并期待他们也同样善待你)。

创建健康边界的第一步是制定自己的边界宣言。这是你对于个人需求的陈述。它将帮助你记住,你有权利为自己挺身而出,在需要帮助时寻求帮助,并勇敢说"不"。

请在下一页上填写你自己的边界宣言。你可以写下"我有权以尊重的方式表示不同意""我有权说不""我有权感到愤怒"等类似的内容。

你可以设定哪些边界,让自己感到自信、被倾听和被理解呢?思考这些问题是重要的第一步。把它们写下来,然后与你的父母一起练习使用这些宣言。

手　账

边界宣言

我有权……

他们在想什么？

"你说什么？"你有没有遇到过有人因为误解而这样问你？有时候我们认为自己的表达清晰明确、坚定果断，但实际上别人可能难以理解我们。这是因为每个人都不同，我们都有自己的回应和沟通风格。如果你曾经有过别人听不懂你在说什么的经历，没关系。这正是思考你的措辞、沟通方式存在哪些问题并尝试改进的机会。

填写下一页的思维气泡，回顾一些你曾经遇到过的令人困惑的对话。你打算对那个人说什么？那个人认为你说了什么？下次你该如何调整？当你能够考虑其他人的观点时，这被称为"观点采择"，它能帮助你思考如何与他人沟通以及他们因何而感受到此种情绪。当你完成练习时，你的沟通技巧就会有所提高。

手 账

他们在想什么?

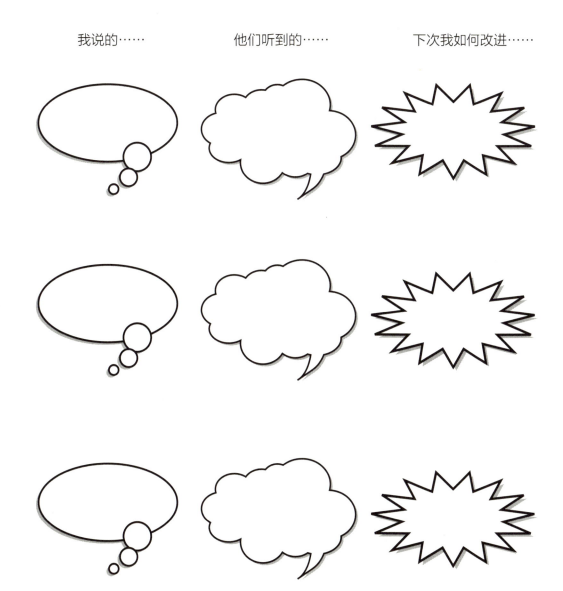

我说的……   他们听到的……   下次我如何改进……

手 账

语言转换

当我们感到压力或不安时，很容易责怪他人或说出令自己后悔的话。这是因为当我们感到压力时，我们并不总能停下来思考我们使用的措辞。即使我们没有恶意，仍可能会伤害其他人。

练习简单地改变你的语言便能避免这种情况发生，这样你就不会将自己的感受归咎于他人。你可以以一种冷静的方式表达自己的观点，帮助别人理解你的观点。请参考以下例子：

原句：	试试这个：
你错了！	我不同意。
你让我心烦意乱！	我感到不安。
你从不关注我！	我感到很孤单。

现在轮到你了！想一些你可以改变的措辞，使它们从责备变成坚定有力的表达。

原句：	试试这个：

角色扮演

培养自信的沟通能力的最好方法是演练。你可以和朋友或家人进行角色扮演，这是一个很好的锻炼你的非语言暗示、语调和语言运用的机会。

角色扮演有点像在学校演话剧。你需要想出一些假想情境，尝试分配人物角色，并在中场休息时间互相反馈并总结沟通要点。我总是建议在一段时间后交换角色，这样每个人都有时间扮演不同的角色。这给了每个人锻炼自信沟通技巧的机会。

在下一页上有一些角色扮演的想法。花几分钟思考你在家里、学校或社区中可能遇到的其他情境。你可以将你的情境添加到列表中。然后找一些可以一起练习的朋友或家人，开始进行角色扮演吧！

手 账

角色扮演

1. 你的父母喊你必须马上出门去上学了，但你还在到处找你的数学作业，你担心会迟到或挨老师骂。

2. 放学后你的朋友来到你家，你想出去打篮球，而你的朋友想玩电子游戏。

3. 你的老师说没有收到你的书面报告，但你确信你已经交了。

4. _____

_____

5. _____

_____

6. _____

_____

7. _____

_____

8. _____

_____

每晚儿童新闻

我敢打赌，每晚新闻不是你最喜欢看的电视节目，但如果你偶尔瞥一眼新闻，你会看到很多坚定有力的表达技巧。新闻主播必须与摄像机镜头做眼神接触，使用坚定有力的声音，坐得笔直，并认真倾听他们的伙伴。他们必须在屏幕前展现自信。

成人新闻可能对你来说不太有趣，你可以制作一个每晚儿童新闻节目来练习坚定有力的表达技巧！找出你当天感兴趣的故事（那些可能在学校学到或看到的事情），练习报道你的故事，设置新闻台，让你的家长来观看你的节目。另一个选择是使用设备拍摄你的节目，并找合适的时间在家中播放并和家长一起观看。

你的节目时长可以控制在 5～30 分钟之内，每晚或每周播放一次。作为节目的制片人，你可以做出重要决策。以下是一些新闻分类的示例：

- 体育报道
- 科学实验
- 有趣的事实
- 音乐时光
- 历史上的今天

你会添加哪些节目到你的报道中呢？

加入谈话

你需要学会的一个沟通技巧是如何加入已经在交谈的小团体谈话。我称之为"加入谈话"。这是一项你将终身受用的重要技巧。

接近一个已经形成的小团体可能会让你感到害怕。你可能会有一些担忧的想法，比如："如果他们不想让我加入怎么办？"但重要的是要记住，圈子可以为吸纳更多的成员腾出空间。当你加入一个团体时，他们也多了一个新朋友。

与你的家人一起练习以下内容，提高你加入圈子谈话的技巧。

1 接近一个群体。

2 捕捉眼神交流的机会。

3 仔细聆听他们的对话。

4 等待对话空档期，加入他们的谈话。

手 账

积极倾听技巧清单

自信沟通的一个重要方式是知道如何成为一个好的倾听者。积极的倾听技巧意味着你能够采取相应步骤，向他人表明你正在关注并聆听他们所说的话。

这可能听起来很容易，但如果你对某件事情不感兴趣或者当你感到疲倦时，你也很容易失去注意力。请查看以下积极倾听技巧清单。在你已经掌握的技巧前打钩，并圈出你想要练习的技巧。

- ☐ 与说话人进行眼神交流
- ☐ 点头以表明你正在跟进对话
- ☐ 忽略周围的干扰物
- ☐ 提出跟进问题以表示理解对方所说的话
- ☐ 保持站立或坐直
- ☐ 等待对话中的停顿时间再发言
- ☐ 你的评论和谈话主题相关
- ☐ 使用适当的语调和音量
- ☐ 使用非语言暗示来表现兴趣
- ☐ 给别人回应的机会
- ☐ 微笑
- ☐ 思考别人说的话
- ☐ 思考对方的感受
- ☐ 让对方说完再发言

写给孩子的
抗压力手册

第五章
我相信自己！

自信的孩子更擅长解决问题，因为他们知道他们有能力和技巧来克服困难。他们明白，即使有时感觉生活艰难，他们仍然能够做好困难的事情。你有时在特定环境下会感觉比在其他环境下更有自信，这很正常。每个人都会有这样的感觉。学会提升自信将帮助你适应最有挑战性的环境。

要记住的一件重要事情是建立自信需要时间。如果你现在正努力应对这个问题，那么你并不孤单。孩子们经常忙于做各种"孩子的事情"，他们并不总是有时间去思考自己的优点。但是想想自己擅长的事情是非常有帮助的，因为这将增强你的自信。忙碌固然是好的，但时不时想一想你一路走来取得的进步以及未来奔向的目标，将进一步提升你的自尊，因为这可以帮助你认识到你所付出的所有辛勤工作和努力，即使事情变得困难。

你的个人广告牌

你一定见过那些引人注目的电影和电视剧广告牌，它们标新立异，让人兴奋不已。这些广告牌之所以有效果，是因为它们向你展示了即将上演的影片中最精彩的内容。而你也可以创建自己专属的个人广告牌来展示你的过人之处！在下一页的广告牌上，你可以用图片、文字、短语甚至照片展示为什么你是一个如此出色的朋友、家庭成员、学生或团队成员。向全世界（或者任何你想向其展示的人）展示你的优点。

是最棒的！

自尊塔

你不能在一夜之间就建立起自尊，但你可以通过使用你的自尊助推器开始建造它。自尊助推器包括所有让你对自己感觉良好的事情和人，比如口头禅（比如"我能解决难题"）、快乐的回忆，甚至是支持你的人。我们周围有各种各样的助推器。你要充分认识到这些助推器的重要性。在下一页建造你的自尊塔，在每个区块上添加一个自尊助推器。看看你的塔有多高——你甚至可以自己添加更多区块！

不知道如何找到你独特的助推器？没问题！参照以下分类寻找灵感：

- 支持你的人
- 激励你继续努力的话语或短语
- 让你快乐的事情（比如烘焙、运动或解密游戏）
- 让你感到平静放松的事情
- 一个美好的回忆
- 家庭传统

手　账

自尊塔

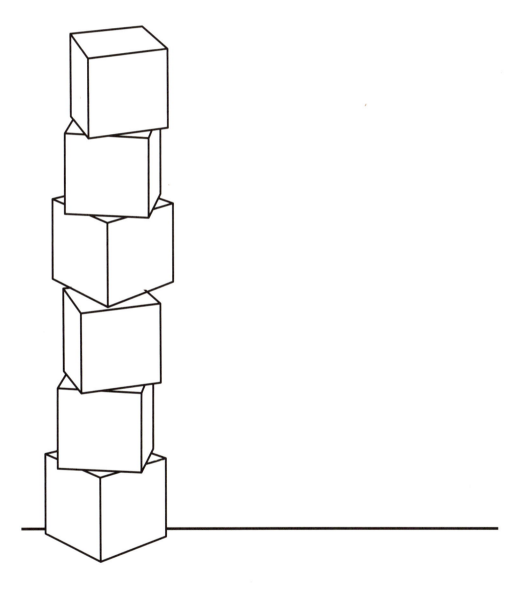

为建造你的自尊塔添砖加瓦吧！

满满的感恩盘

感恩是表达对生活中所拥有的东西的感谢或欣赏之情。相信我，养成表达感恩之情的习惯可以让你感到更快乐和自信。当你花时间感谢你所拥有的，而不是担心你所没有的，你更有可能体验到积极的情绪。

每天实践一个简单的感恩策略，即在一天开始时思考三个充满希望的想法，而在一天结束时思考三个感恩之情。这样做，无论在醒来和上床睡觉之间发生了什么，你都会以积极的心态开始和结束一天。

另一个你可以使用的策略是用感恩填满你的盘子。你可以使用下页提供的盘子图片，也可以为这个练习制作一个纸盘。在盘子上写下或画出你生活中感恩的事物。可以是小事也可以是大事。当你想到新的事物时，随时更新盘子上的内容。

手 账

满满的感恩盘

勇气卡片

有些孩子认为勇敢和自信是一回事，但实际上两者并不完全相同。有时候你可能会感到勇敢，而另一天可能就没那么勇敢，但这并不代表你的自信心消失了。事实上，有时候我们每个人都需要额外的勇气，这并不意味着我们软弱，而是说明我们是人类！

随着不断学习和练习新技能，你的自信心会逐渐增长，而那些小小的勇气同样可以激励人心，就像那些大胆的行动一样。为了帮助你增强自信心，在你的背包里准备一些勇气卡片吧。这些卡片可以填上一些积极的短句、词语或图画，帮助你度过困难的时刻。

手 账

勇气卡片

你非常用功！ 你能做到的！		

人格彰显时刻

我们很容易把分数或奖杯看作成功的标志，但这些只是你完成任务所获得的外在之物。它们并不能真正建立你的自尊。你可能因为赢得一个奖杯而高兴一阵子，但最终它会被放在架子上，甚至你可能都忘记了它的存在。

而人格彰显时刻能够以强大的方式建立自尊。人格彰显时刻是你对自身展现积极品质的时刻的强烈记忆。在下一页上描述你展示人格力量的时刻，完成手账中的句子。然后将这一页展示出来以提醒你所拥有的伟大品格。你已经有过很多伟大的时刻！

手 账

人格彰显时刻

我做过的一件善良的事是

_____。

我做过的一件勇敢的事是

_____。

我做过的一件有益的事是

_____。

我做过的一件很棒的东西是

_____。

当我_____时，我是一个好的领导者。

当我_____时，我是一个好的解决问题者。

当我_____时，我是一个好的倾听者。

当我_____时，我是负责任的。

当我_____时，我是诚实的。

当我_____时，我感到自信。

为我鼓掌！

当别人赞美我们时，我们会感到非常开心。我们的努力和付出被别人注意到是一件很好的事情。大多数人都喜欢得到他人的积极反馈。

但你知道吗？你其实可以给自己积极的反馈，并收获同样的提升！当你承认自己的努力和出色之处时，这就像给自己一个鼓励。比起别人给予的鼓励，你给自己的这种必要的鼓励更能增强你的自信，因为这种积极反馈会成为你心理内在机制的一部分（即自我对话）。

你的自我对话非常重要，因为它影响着你对待自己的方式。积极的自我对话发生时，你会对自己感到良好，并相信自己能够做出伟大的事情。但当你有消极的自我对话时，你就不相信自己，自己所有的辛勤付出都会被忽视。

如果你想真正相信自己，你必须从认可自己每天所做的好事开始。在我上二年级的时候，有一位老师会在我克服困难时大声说："为你鼓掌，凯蒂！"多年后的今天，我仍常常想起她的微笑，但现在我把这句话改成了"为我鼓掌，凯蒂！"，因为它已经成为我的积极自我对话的一部分。

在下一页上，写下五条赞美的话，让这种积极的自我对话机制成为你的一部分。给自己一些积极的反馈——并且要具体！给自己的赞美越多，你就会变得越自信。

手　账

为我鼓掌！

闪闪发光的我

思考自己的优点可能很困难。很多孩子甚至告诉我，当我要求他们这样做时，他们感到不舒服。对于孩子来说，想到自己的优点可能很困难，因为他们经常被教育要避免吹嘘或炫耀。成年人总是告诉他们要淡化自己的优点和成就，以免其他孩子感到嫉妒。

在一个团体环境中吹嘘自己有多棒可能会让一些孩子感到愤怒，或者让他们觉得自己无法与你相提并论。如果你经常这样做，其他孩子可能会对你的话充耳不闻。但分享你的力量和吹嘘你的成就之间有很大的区别。

想象一下你在团体比赛时的情况。一支出色的足球队需要各种各样有才能的队员——需要会进球的人、会防守的人，还需要有勇气担任守门员的人。看看下面的两个陈述。哪个听起来像是在分享自己的力量？在那个旁边画个笑脸。哪一个听起来像是在吹嘘？在那个旁边画个伤心脸。

"我在守门员位置打得非常好。可以让我守门吗？"
"进最多球的人是我，所以打前锋的只能是我。"

你看到分享力量和吹嘘成就之间的区别了吗？在接下来的一页上列出你在每个类别下的闪光之处。这将帮助你思考如何利用自己的力量实现目标。

手账

闪闪发光的我

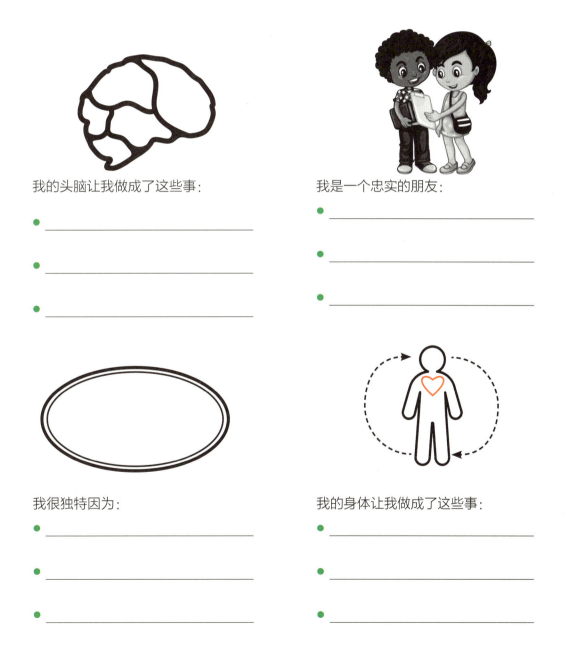

我的头脑让我做成了这些事:

- _____
- _____
- _____

我是一个忠实的朋友:

- _____
- _____
- _____

我很独特因为:

- _____
- _____
- _____

我的身体让我做成了这些事:

- _____
- _____
- _____

手　账

自尊检查表

这是一个快速检查自我感受的好时机。关注你今天的感受，圈出与你的想法最接近的选项。记住每个人都有起伏，所以如果你对其中一些问题感到不确定，那也没关系。

1. 我是一个很好的朋友。　　　　　　总是　有时候　从不

2. 我是一个负责任的人。　　　　　　总是　有时候　从不

3. 我对他人友善。　　　　　　　　　总是　有时候　从不

4. 我是一个很好的倾听者。　　　　　总是　有时候　从不

5. 我有创造力。　　　　　　　　　　总是　有时候　从不

6. 我能解决问题。　　　　　　　　　总是　有时候　从不

7. 我帮助他人。　　　　　　　　　　总是　有时候　从不

8. 我相信自己。　　　　　　　　　　总是　有时候　从不

9. 我知道我可以实现我的目标。　　　总是　有时候　从不

10. 我感到快乐和自信。　　　　　　　总是　有时候　从不

11. 人们可以依靠我。　　　　　　　　总是　有时候　从不

12. 我是一个努力工作的人。　　　　　总是　有时候　从不

在这些事情中，你对哪些感到非常自信？

_____

你想在哪些方面努力提升？

_____

你可以如何努力改进这些方面呢？

_____

相反，我应该对自己说什么？

你有没有经历过自我怀疑的时刻？当你感到压力重重，开始认为自己做不到想做的事情时，这种情况就会发生。自我怀疑会悄悄地侵袭你，让你感到缺乏自信。

记住，你对自己的说话方式（自我对话）会影响你对自己的看法。如果你有很多自我怀疑的想法，那么你会觉得自己很无能。但是，如果你有自信的想法，那么你会觉得自己能够做任何事情。为了帮助你赶走自我怀疑的想法，请在下页的思维气泡中填写替代性的语句，帮助你找回自信。

手账

相反，我应该对自己说什么？

我应该退出。

我不擅长这个。

我没有朋友。

这不可能。

给自己的便签

在度过了艰难的一天后，你可以写下一张便签提醒自己，坏日子只是暂时的，而且下次你可以做出不同的选择。书写可以帮助你释放情绪，同时也给了你原谅自己的机会，让你制订计划重新开始。每个人都会有艰难的日子，但不要让那些糟糕的日子定义你。

在下一页的空白处完成写给自己的便签，或者写一封给自己的信。这将帮助你度过难过的一天，并找到在明天重新开始的方法。

手　账

给自己的便签

亲爱的_____，

今天很艰难，因为_____。

当这种情况发生时，我感到_____。

我处理了这种情况，但我希望我能_____。

今天是糟糕的一天，不过这无所谓。哪怕是我犯了错误也无所谓。今天至少有一件事做得不错，那就是_____。

当那件事发生时，我感到_____。

明天是新的一天。明天我会用以下三个积极的自我思考开始新的一天：

1. _____

2. _____

3. _____

我今天学到的重要教训是：_____。

如果明天我遇到类似的问题，我会_____。

爱你的_____

第六章
积极思维

　　积极思维有助于我们克服消极思维，专注于我们的目标并减轻压力。但积极思维不仅仅是说些积极的话。它事关真正地改变你的心态（你看待世界的方式），这样你就知道即使在最艰难的日子里，你也能再次感到快乐。

　　没有人每时每刻都能感到快乐或积极向上。我们每天都要经历许多情绪，这是人类的一部分。一旦你有了积极的心态，它会保护你不被困在消极的想法或绝望的感觉中。当孩子们能够利用积极的心态时，他们能够更好地应对压力并解决自己的问题。

翻转思维！

为了开始改变你的心态，了解积极思维和消极思维如何工作是有帮助的。许多孩子不知道消极思维负作用非常之大。事实上，你需要三个积极的想法才能克服一个消极的想法。另一个重要的事实：拥有积极思维的第一步实际上就是倾听你的消极思维。脑海中闪现的所有念头都试图告诉我们一些重要的事情。这取决于我们是否愿意倾听。让我们来试试！

在下一页的第一个框中画一幅画，展示压在你身上的消极思维。一定要详细地画出来。在第二个框中画一个令人放松的场景，同时暂停下来并练习深呼吸。在第三个框中画出你使用三个积极思维来克服自己的消极思维。这些是帮助你学习和成长的替代性思维方式。这就是改变思维的三个步骤。

手 账

翻转思维!

① 把你的消极思维画在这。

② 深呼吸，创造一个放松的画面。

③ 结合三个积极思维，给自己画像。

手 账

改变你的路线

我们都会犯错误。你犯错了，并不意味着你是一个失败者，或者意味着你永远无法克服困难。错误实际上能教会我们下次可以做出哪些改变，避免再次犯错。

在"过去"栏中，写下一个让你感到困扰的失败或错误。花点时间思考为什么会发生这种情况，并将这些细节添加进去。在"现在"栏中，写下下次你可以做出哪些改变，这样你就不会再犯同样的错误了。这被称为改变路线。这样你就是在积累经验并尝试一种新的策略！

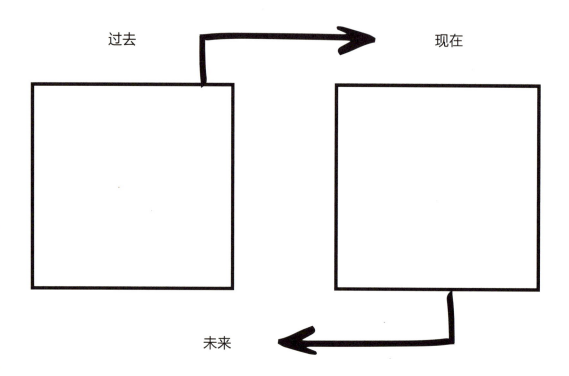

滑动思维！

刷手机的一个有趣之处在于，如果你不喜欢当前的内容，你可以简单地向上一滑，跳转到下一个内容上。一切瞬间就改变了。

改变你的思维并不像简单地滑动手机那么容易，所以如果你发现自己经常陷入消极或焦虑的思绪中，单凭一次简单的滑动是无法发生改变的。你需要更多的练习，多次的"滑动"才能保证消极思维不干扰你的头脑。下次再遇到困难时，你可以通过滑动思维，让积极的想法浮现在脑海中。你所需要的就是你的想象力！

首先，你需要储备一些积极的思维。想一些能让你感到自信的短语、想法或事物。尽量用这些思维填满你的积极思维库，你可以随时向你的思维库中添加武器。

在下一页上练习滑动思维。在第一个屏幕上，写下或绘制一个让你头脑沉重的消极或焦虑的想法。然后向上滑动，在第二个屏幕上展现一个积极的想法。

积极的思维库

手 账

滑动思维!

消极思维

积极思维

可视化

可视化是一个强大的工具，可以帮助你将注意力集中在美好的事物上。可视化的意思是你可以在脑海中通过多种感官想象某件事情的过程。闭上眼睛，深呼吸，构想一个积极的图景，想象着把你的信念和情绪能量源源不断地泵入图景，你要全然相信自己能实现它！然后调动你的感官去想象实施它的每一步。实际上这会激励你全力以赴。职业运动员经常使用这个方便的工具。这个练习最棒的地方是你可以随时随地开始。

如果你今天过得很糟糕，或者发现想要实现预期目标还需要付出更多努力，那就按照以下步骤行动：

- 闭上眼睛，深呼吸三次。
- 在你的脑海中描绘出最好的自己的形象。你是不是正努力实现这个目标？太棒了！想象一下实现目标要采取的所有步骤。
- 睁开眼睛，然后用图画出你的想象。你可以在下一页的方框中进行。
- 找到你绘制的第一个步骤，从那里开始行动吧！

手　账

可视化

"我可以"便利贴

让积极思维对你产生影响的一个办法是将注意力集中在你知道的自己能做到的事情上。这被称为专注于你的舒适区。有时候，你可能想要超越舒适区去学习新的东西，但如果你知道自己擅长什么、能在什么地方光芒四射，这将帮助你在遇到困难时调动积极思维。

当你以积极的方式看待自己，你会对自己感觉良好。就像你是自己的啦啦队一样。给自己加油使你有能力独立克服困难，因为你不需要老师、教练或其他大人告诉你，你在内心就知道自己可以做到，这将推动你继续前进。

在下一页的"我可以"便利贴上写下你擅长的事情。你可以写"我可以成为一个好朋友"或者"我可以独立完成作业"。当你把这一页填满，你会发现自己拥有很多解决问题的技能。

如果你想把这个活动提升到更高的水平，可以准备一些真正的便利贴，在上面写下关于自己的积极想法，然后贴在你的房间里。这样你每天都能看到自己可以做成的事情！

手 账

"我可以"便利贴

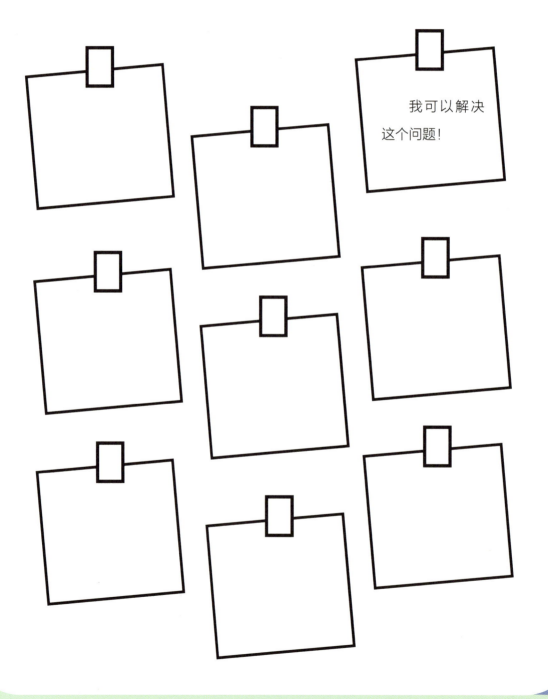

我可以解决这个问题！

思维量表

有时候我们会陷入一种反复出现的思维模式，就像有一个无法摆脱的黏性念头萦绕在脑海。这种情况经常发生在孩子们身上，可能是因为他们过于关注某些让他们感到紧张、担心的事情，或者某种不确定性导致他们老是预想最糟糕的结果。不管原因是什么，找到这个黏性思维并评估其有用性，想出一些有助于应对的替代想法。

在这个活动中，我们要探索各种各样的想法，包括积极的和消极的，从而判断它们在应对压力时的实际效用。为了评价每种想法的有用性，我们可以使用以下量表：

0 = 没有任何用处

1 = 不太有用

2 = 有点有用

3 = 有用

4 = 非常有用

5 = 真正有效

例如，假设你担心你们队的足球比赛因为两名队员不能参加而受到影响。你一直缠绕在"我们没有机会，我们肯定赢不了这场比赛"这样的想法里，那么你可以对这个想法进行评分，并想出一个更有用的替代想法：

黏性思维评分： 0

为什么？ 这是一种消极思维，除了让我感到无助没有任何用处。

替代想法： 如果我们全队齐心协力，尝试新的打法，我们一定可以做到最好。

新想法评分： 5

为什么？ 这是一种积极思维，并且有助于解决问题。

现在轮到你了！ 在接下来的活动中，我们要处理一些你自己的黏性思维。

手　账

思维量表

场景：＿＿＿＿＿＿＿＿＿＿＿＿＿＿＿＿＿＿＿＿＿＿＿＿＿＿＿

黏性思维：＿＿＿＿＿＿＿＿＿＿＿＿＿＿＿＿＿＿＿＿＿＿＿

黏性思维评分：＿＿＿＿＿＿＿＿＿＿＿＿＿＿＿＿＿＿＿＿＿

为什么？＿＿＿＿＿＿＿＿＿＿＿＿＿＿＿＿＿＿＿＿＿＿＿＿

替代想法：＿＿＿＿＿＿＿＿＿＿＿＿＿＿＿＿＿＿＿＿＿＿＿

新想法评分：＿＿＿＿＿＿＿＿＿＿＿＿＿＿＿＿＿＿＿＿＿＿

为什么？＿＿＿＿＿＿＿＿＿＿＿＿＿＿＿＿＿＿＿＿＿＿＿＿

场景：＿＿＿＿＿＿＿＿＿＿＿＿＿＿＿＿＿＿＿＿＿＿＿＿＿＿＿

黏性思维：＿＿＿＿＿＿＿＿＿＿＿＿＿＿＿＿＿＿＿＿＿＿＿

黏性思维评分：＿＿＿＿＿＿＿＿＿＿＿＿＿＿＿＿＿＿＿＿＿

为什么？＿＿＿＿＿＿＿＿＿＿＿＿＿＿＿＿＿＿＿＿＿＿＿＿

替代想法：＿＿＿＿＿＿＿＿＿＿＿＿＿＿＿＿＿＿＿＿＿＿＿

新想法评分：＿＿＿＿＿＿＿＿＿＿＿＿＿＿＿＿＿＿＿＿＿＿

为什么？＿＿＿＿＿＿＿＿＿＿＿＿＿＿＿＿＿＿＿＿＿＿＿＿

场景：＿＿＿＿＿＿＿＿＿＿＿＿＿＿＿＿＿＿＿＿＿＿＿＿＿＿＿

黏性思维：＿＿＿＿＿＿＿＿＿＿＿＿＿＿＿＿＿＿＿＿＿＿＿

黏性思维评分：＿＿＿＿＿＿＿＿＿＿＿＿＿＿＿＿＿＿＿＿＿

为什么？＿＿＿＿＿＿＿＿＿＿＿＿＿＿＿＿＿＿＿＿＿＿＿＿

替代想法：＿＿＿＿＿＿＿＿＿＿＿＿＿＿＿＿＿＿＿＿＿＿＿

新想法评分：＿＿＿＿＿＿＿＿＿＿＿＿＿＿＿＿＿＿＿＿＿＿

为什么？＿＿＿＿＿＿＿＿＿＿＿＿＿＿＿＿＿＿＿＿＿＿＿＿

胜利 / 失败比例

记得本章开头提到的 3：1 的积极思维和消极思维比例吗？换句话说，我们需要三个积极的想法来克服一个消极的想法。这一点很重要，因为它提醒我们，通过将注意力转向积极的想法，我们可以战胜消极思维，但我们需要更多的积极想法来抵消消极想法的影响。

其中一种方法是思考你一天的胜利 / 失败比例。假设今天你在学校有两次感到很失败：一次是在休息时间和朋友争吵，另一次是在课堂上没有听讲而被老师批评。这些都是一天中的小小失利，因而你感到沮丧。现在，让我们想想你今天取得的所有的小小胜利。你早上吃到了自己最喜欢的早餐？学校发生了哪些有趣的事情？在课余时间你是否和朋友们一起玩耍了？为了帮助你克服消极思维，你可以将一天中的所有成功（无论多么微小！）加起来，并将其与失利进行比较，看看积极的部分是否超过了消极的部分。

你可以使用下一页上的胜利 / 失败比例表格尝试一下这个办法。在第一列中填上你一天中的所有胜利，在第二列中填上你的所有失利。这是一个很好的睡前活动，因为它可以帮助你专注于一天中积极的部分，并让你意识到即使在艰难的一天里，也有美好的时刻存在。

手 账

胜利/失败比例

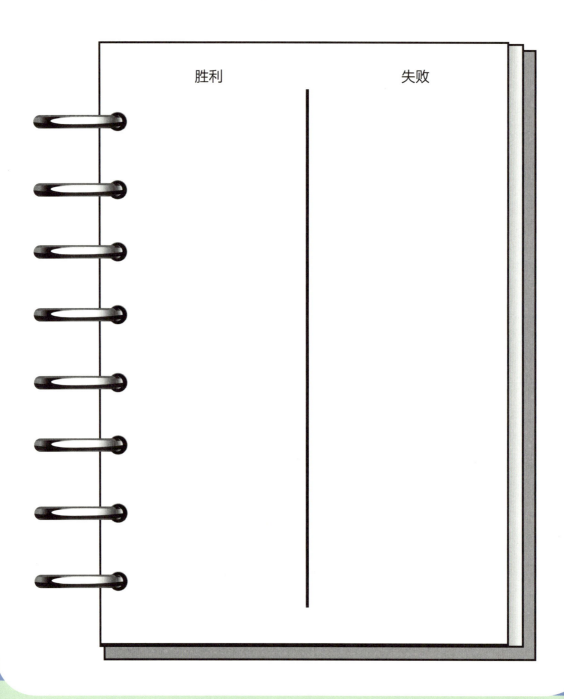

胜利 　　　　　　　　　　　　失败

通往成功之路的里程碑

许多孩子告诉我，他们有着非常具体的目标，并且希望立即实现。孩子们常常希望一个很棒的想法（比如，"我想参加足球队！"）能快速变为现实（"我是足球队主力！"）。但事实是，实现目标通常是一个缓慢的过程，需要积极的心态来克服途中的障碍。

我喜欢把实现目标的过程比作沿着一条蜿蜒曲折的小路前行，正如你要迈出一步一步的小步伐才能穿越森林一样。如果你从起点一路狂奔到终点，你会错过森林所有的美丽和有趣之处。但如果你放慢脚步，小步前行，你将看到一个全新的世界，你之前甚至不知道它的存在。

想一想你的一个目标。假设你的目标是画一幅像明信片上那样美丽的日落画。为了实现这个目标，你需要采取哪些步骤呢？你需要上绘画课吗？你需要先画草图吗？你需要学习如何调色吗？所有这些小步骤被称为里程碑。它们是帮助你实现大目标的小目标。

你可以根据需要设定尽可能多的里程碑，但最好想出至少三个里程碑。这有助于将你的目标分解为可管理的部分，避免不可承受的压力。

试着自己动手吧！选择一个你想要实现的目标，然后确定三个里程碑（或小步骤），帮助你达成目标。

手　账

通往成功之路的里程碑

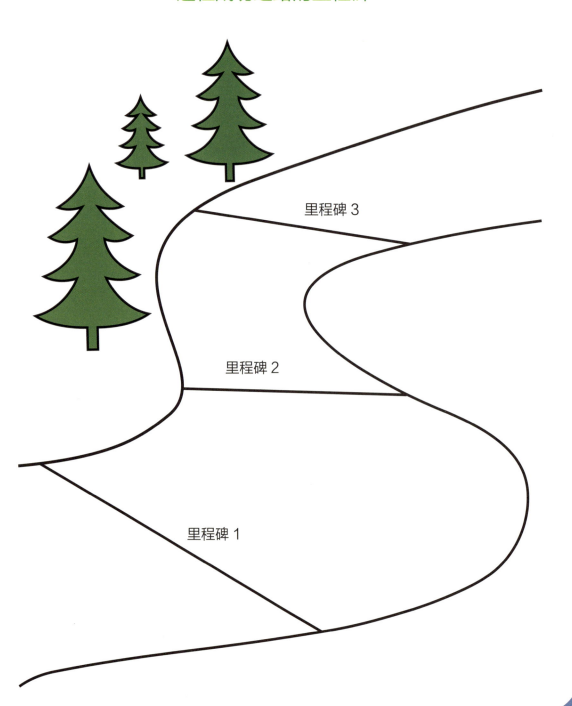

里程碑 3

里程碑 2

里程碑 1

积极思维链

积极思维的好处在于它会激发更多的积极思维。一旦你养成积极思维的习惯，不断看到自己自信、能干和快乐的一面，你会发现一个好的想法经常会引发另一个好的想法。当然，消极思维也是如此。无论哪种情况，你都可能陷入一种循环。这种循环会像自行车的轮子那样不停转动。

要开启一个积极的思维链，必须从小事做起。即使是积极的压力，也会让我们感到压力。设立一大堆目标可能看起来很正向，但我们必须学会在目标与闲暇之间保持平衡。我们必须平衡令人兴奋的活动与宁静的活动。我们必须对所有的事物，不论大小，怀有感激之心。

一个小而积极的想法可能是"我相信自己"。想一想这句话意味着什么？让我们分解一下。它可能意味着"我知道自己是一个努力工作的人""我有能力实现我的目标""我总是尽力而为""我善解人意，关心他人""我擅长交朋友"，或者其他很多事情。当我们开启一个积极的思维链时，一个积极的想法会引发更多的积极想法。

现在轮到你了！在下一页上，完成你的积极思维链。如果卡住了，没关系。闭上眼睛，想象一些关于自己的积极事物。这就是你的下一个想法！

额外提示：这也可以是一个在团体中玩的有趣游戏。一个人先提出一个积极的想法作为开始，下一个人分享与原始想法相关的积极想法，然后依次循环，直到回到第一个人！

手 账

积极思维链

为思维链上的每一个环设想一个积极的想法。

接地练习

在你心情平静时，进行接地练习总是一个好主意。这样当你感到沮丧时，你就能更轻松地运用它。接地练习帮助孩子们通过体验当下的存在感来应对压力情境。

压力和担忧会让你感觉喘不过气来。有时候，挫败感也会让人产生这种感觉。将自己扎根于周围环境中，有助于你处理那些令人不适的情绪，并重新调整你的思维方式。

按照以下步骤尝试一个简单的接地练习：

- 将双脚放在地上——如果可以的话，站起来。
- 慢慢地呼吸（吸气数四秒，停留数四秒，呼气数四秒，停留数四秒）。
- 重复上述步骤。
- 列举三件你能看到的事物、三种你能听到的声音、三件你能感受到的事物和三种你能闻到的气味。
- 再次深呼吸。
- 说："我没事了。我正在冷静下来。"
- 列举三件让你微笑的事物。

每天练习一次，可以训练你的大脑在困难时刻从容应对，即便你当下并不需要。当你心情平静时越多尝试这个策略，到你感到不堪重负时使用它就会越容易。

最后的思考

无论你是从头到尾读完了这本书还是跳过来直接看结尾（没关系，我有时也会这样干），我都要祝贺你在努力掌握减压技能！

压力是生活的一部分，尽管并不是所有的压力都会让你拿起这本书。但学会面对不适和应对压力是生活中重要的一部分，在学校里你学不到这一点。

花时间阅读这本书。重新回顾那些你发现的最有帮助的策略。把它们教给你的兄弟姐妹或朋友。我希望这本书能激励孩子们彼此间产生共鸣，在艰难时刻互相帮助，共同克服各种大小的困难。我可以肯定的一点是，当孩子们团结合作时，每个人都是赢家。

STRESS-BUSTER
CERTIFICATE

本证书谨用于证明

掌握了应对压力的能力，足以应对困难之事，
能以积极思维思考问题，加油！

Katie Hurley, LCSW
《写给孩子的抗压力手册》作者

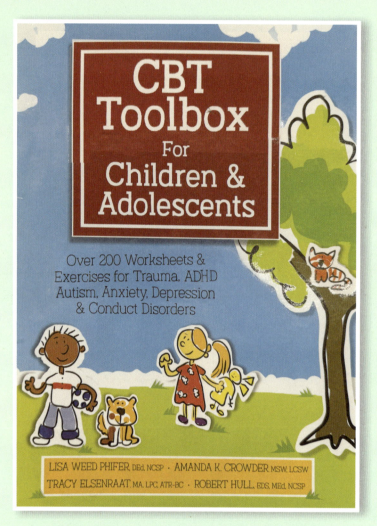

CBT Toolbox for Children and Adolescents

By Lisa Weed Phifer, Amanda Crowder, Tracy Elsenraat, Robert Hull

《儿童和青少年认知行为疗法练习册》中文版即将由机械工业出版社出版

致 谢

孩子们通常要到长大后才会明白，出版一本书需要一个团队的合作！确实是这样。即使是作者也会犯错，好在团队里的其他人会发现这些错误并帮助作者改正。

我早就想为孩子们写本书了，只是一直没有遇到合适的人来帮我实现。非常感谢 PESI 出版社的 Karsyn Morse 让这个想法变为现实。

深深地感谢这本书的编辑（错误搜捕手！）Jenessa Jackson 和 Gretchen Panzer。

在想法变成书之前，作者还需要做一些研究。感谢我的研究助理和实习生 Kira Patel，为本书的撰写做了认真的准备。

最后，我的家人（包括我的孩子们）一直为我加油打气，并在写作的过程中阅读我的作品，为我提出建设性的意见，帮助我写出最好的书。感谢 Liam、Riley、Sean，甚至还有我们的狗 Sugar，在我写这本书的过程中，你们一直用积极乐观的态度鼓励着我！